不能说的秘密

刘彩霞 编著

Photoshop
风光人文摄影后期必备秘籍

电子工业出版社
Publishing House of Electronics Industry
北京·BEIJING

内容简介

本书细致讲解了风光人文摄影中的摄影、用光、构图与Photoshop数码后期的紧密结合，以及后期调整的各个环节，深入系统地运用Photoshop对图片进行调整。本书还着重讲解了RAW格式的修片技术。本书凝聚了作者多年来的风光摄影后期经验，汇集了百余张精彩作品。

本书案例均从照片经常会出现的实际问题出发，先描述照片存在的缺陷，然后说明解决问题的思路，再讲解如何通过Photoshop来实现。这些问题也是通过大量的实际调研得出的，极具代表性。

本书的配套光盘中包含所有综合案例的原始素材和最终效果图，以及相关案例的视频文件，书盘结合，构成了超值的学习套餐，便于读者同步练习。

本书适合零基础、想快速提高图片处理水平的读者阅读；读者如果从未接触过Photoshop，通过本书的学习，也可以毫无压力地使用Photoshop快速处理图片。

未经许可，不得以任何方式复制或抄袭本书之部分或全部内容。
版权所有，侵权必究。

图书在版编目（CIP）数据

不能说的秘密：Photoshop风光人文摄影后期必备秘籍 / 刘彩霞编著. -- 北京：电子工业出版社，2017.10
ISBN 978-7-121-32509-0

Ⅰ.①不… Ⅱ.①刘… Ⅲ.①图象处理软件 Ⅳ.①TP391.413

中国版本图书馆CIP数据核字(2017)第199321号

责任编辑：姜 伟
文字编辑：赵英华
印　　刷：北京顺诚彩色印刷有限公司
装　　订：北京顺诚彩色印刷有限公司
出版发行：电子工业出版社
　　　　　北京市海淀区万寿路173信箱　　邮编：100036
开　　本：787×1092　1/16　印张：20.5　字数：524.8千字
版　　次：2017年10月第1版
印　　次：2017年10月第1次印刷
定　　价：99.00元（含光盘1张）

凡所购买电子工业出版社图书有缺损问题，请向购买书店调换。若书店售缺，请与本社发行部联系，联系及邮购电话：(010) 88254888，88258888。
质量投诉请发邮件至zlts@phei.com.cn，盗版侵权举报请发邮件至dbqq@phei.com.cn。
本书咨询联系方式：(010) 88254161~88254167转1897。

虽然笔者平时拍摄各种类型的照片，但拍摄风光是我最愿意做的事情。拍摄风光人文照片能够让我的心静下来，每当我走访一个陌生的城市，都会透过镜头来记录所见所闻。通过镜头语言的表达，能够让眼前美好的事物永远定格在画面中。

摄影后期是我最重视的环节，业内最近流行一句话：拍到总比拍不到好。每次我用RAW格式记录下画面后，都会从几十张甚至几百张照片中选出几幅最满意的，用几个小时甚至几天时间来进行后期处理。随着经验越来越丰富，就会发现自己拍摄的照片越来越少，精品却越来越多。到后来每次我只拍几张照片，跟过去机关枪似的连拍截然不同。这说明更用心了，用更多的时间来观察景物能够帮助你充分理解所要表达的是什么（通常拍摄的时候，我的脑海里已经定格出我要如何对这幅照片进行后期处理）。

本书中的照片，很多都是我在欧洲旅行时拍摄的。在旅行途中朋友、家人需要休息吃饭，不可能全都陪着我等待黄昏的到来，所以有些照片纯粹是比较仓促的旅行照。这些照片有笔者个人的审美在里面，但我相信这些照片通过Photoshop的修饰后，会重新焕发出迷人的光彩，这也是我写这本书的原动力和初衷吧。

在这本书编写的过程中，我对大量照片进行了筛选，最终确定了以多种照片素材为选例原则：黄昏日出、山脉、湖泊倒影、大海、云朵、建筑、人文街拍、接片等。

本书第一部分介绍了摄影器材、光线、色彩和构图等跟前期摄影有关的基础知识。第二部分通过大篇幅解决了所有关于修片的小技巧和工具，包括曲线、色阶、饱和度等知识，学完这一部分基本上就掌握了本书的工具。第三部分通过综合演练对各类照片进行了精修。

本书通过专业细致的讲解与大量精美的照片介绍风光人文摄影的后期相关技巧，内容包括自然风光摄影的基础、器材的选择与运用、光线的控制与把握、自然风光摄影的色彩构成、拍摄角度与构图技巧、拍摄时间与气候的把握、各种题材的寻找与拍摄、自然风光摄影的审美与风格、自然风光照片的后期创意制作等。带上本书去寻找梦寐以求的美丽风光，将它们一一记录，来满足你的完美旅程吧！

参与本书编写的人员有陈晓暾、王书宇、王晓民、吴军强、延睿、张彩霞、赵芳、赵佳佳、王晨、王红艳、陈慧蓉、张飞转、刘彩霞、王瑞东。在此一并表示感谢。还要感谢本书策划盲剑客在本书编写过程中的大力协助，感谢电子工业出版社的编辑的辛勤工作，感谢排版公司的劳动。本书编写过程中由于时间仓促，疏漏之处在所难免，敬请广大读者批评指正。

目录

CHAPTER 01　摄影后期知识储备 7 堂课 1

第 1 堂课　拍摄风光的数码相机选择 2
全画幅和非全画幅相机 2
尼康篇 4
佳能篇 5

第 2 堂课　拍摄风光的镜头选择 6
广角镜头 6
长焦镜头 8
标准镜头 9

第 3 堂课　了解数码照片的白平衡 10
根据拍摄条件选择白平衡 10
日光与阴天白平衡 11
钨丝灯与荧光灯白平衡 12

第 4 堂课　光线与色彩的运用 14
色彩的作用 14
增强立体效果 15
表现明暗反差 16
突出轮廓线条 18
制作独特效果 20

第 5 堂课　各种滤镜的使用技巧 22
使用偏振镜调整色彩 22
使用中灰密度镜拍摄 24

第 6 堂课　点·线·面·体的表现 26
寻找风景中的点 26
捕捉风景中的线 26
组合风景中的面 28
展示风景中的体 29

第 7 堂课　风光摄影的构图技巧 30
认识摄影构图 30
摄影构图的特点 31

摄影主题的形成 32
主题与构图的关系 33
均衡构图 34
对称式构图 34
对角线构图 35
S 形构图 35
X 形构图 36
三角形构图 36

CHAPTER 02　Photoshop 整体调色 37

2.1　颜色与光线 38
2.1.1　可见光 38
2.1.2　光谱色 38
2.1.3　色温 39
2.1.4　白平衡 39
2.1.5　色偏 41

2.2　颜色的属性 42
2.2.1　色彩的分类 42
2.2.2　色相 42
2.2.3　明度 43
2.2.4　饱和度 43
2.2.5　色调 43

2.3　色彩的混合 44
2.3.1　加色混合 44
2.3.2　减色混合 44
2.3.3　视觉混合 44
2.3.4　色域 44
2.3.5　色彩管理 45

2.4　替换颜色与色彩平衡 46
2.5　校正偏色 50
2.6　调整色相 54
2.7　调整饱和度 59
2.8　曝光度调色 62
2.9　曲线校正颜色 65
2.10　改变某一区域的色调 69
2.11　通过可选颜色控制整体色调 73
2.12　去掉一个通道 77
2.13　修正逆光 81

2.14 增强风景的饱和度 86
2.15 中性灰调色 89
2.16 红外调色 97
2.17 红外偏色调色 101
2.18 转黑白照片 108
2.19 中性灰校正黑白照片 111
2.20 冷色色温控制 116

CHAPTER 03　Photoshop 局部调色 121

3.1 如何进行选区控制 122
3.1.1 选择工具 122
3.1.2 选择通道的方法 123
3.1.3 变换季节——色彩选择调色 124
3.1.4 变换森林局部色彩——局部调色 131
3.1.5 水上动物——羽化工具的使用 136
3.1.6 教堂风光——多边形套索工具的使用 143

3.2 用蒙版工具打造超级风光大片 146
3.2.1 不可不学的技术——蒙版 146
3.2.2 图层蒙版的原理 148
3.2.3 古镇风光——蒙版局部调色 149
3.2.4 伦敦桥——蒙版变换局部曝光 153
3.2.5 海岸风光——蒙版控制局部色温 156

CHAPTER 04　日出日落摄影后期 161

4.1 拍摄技巧链接 162
4.2 罗马郊外的清晨 163
4.3 栈桥日落 173
4.4 伏尔加河畔的日出 181

CHAPTER 05　湖泊水面摄影后期 189

5.1 拍摄技巧链接 190
5.2 鹿特丹小孩堤防 192
5.3 水面倒影 201
5.4 傍晚的天鹅湖 207

CHAPTER 06　海景摄影后期 215

6.1 拍摄技巧链接 216

6.2 阴郁的里斯本海港 218
6.3 海边灯塔 224
6.4 渔船归来 231
6.5 马来西亚暗礁 234
6.6 汹涌的浪花 240

CHAPTER 07　城市建筑摄影后期 245
7.1 拍摄技巧链接 246
7.2 维也纳城市建筑 248
7.3 意大利古城堡 258

CHAPTER 08　山脉摄影后期 263
8.1 拍摄技巧链接 264
8.2 劳特布龙嫩山区景色 265
8.3 梅里雪山下的河道 275

CHAPTER 09　人文生态 & 街拍摄影后期 281
9.1 拍摄技巧链接 282
9.2 佛罗伦萨小街一角 283
9.3 荷风细雨 293
9.4 有趣的街景构图 302
9.5 人物街拍 308
9.6 古镇市场 313
9.7 罗马广场 315

以下内容见光盘

CHAPTER 10　天空云朵摄影后期
10.1 拍摄技巧链接
10.2 Suffolk 海岸的天空
10.3 绚丽的彩云

CHAPTER 11　打造超宽幅面大片
11.1 宽画幅照片的制作与拍摄
11.2 Hallstatt 美丽村庄
11.3 Hallstatt 美丽村庄接片
11.4 川西四姑娘山接片
11.5 安徽宏村接片

CHAPTER 01

摄影后期知识储备 7 堂课

本章将提供7堂风光摄影后期的课程，通过器材、色彩、构图等知识铺垫，让读者对风光摄影和后期技术在审美意识上有所提高。

第1堂课　拍摄风光的数码相机选择

全画幅和非全画幅相机

所谓全画幅相机是针对传统135胶卷的尺寸来说的。数码相机的CCD或CMOS大小接近于传统135胶片的尺寸，就可以说是全画幅。CCD尺寸越大，成像质量越高。并且对于已经有传统单反相机的用户来说，镜头不再需要乘以对应的换算系数。例如，佳能EOS 60D的CCD尺寸大概等于胶卷尺寸的2/3，若搭配100mm的镜头，换算1.6倍率后就变成160mm的镜头。

一直以来全画幅相机都是很多摄影爱好者梦寐以求的数码单反相机，全画幅相机成像的尺寸和135mm胶卷的底片尺寸相当，成像质量有很大的改观。特别是在使用镜头时，如果使用的是非全幅相机拍摄景物的焦距会有一定的变化，一般都需要在原来的基础上乘以1.6倍才是拍摄的实际焦距。

这样一来购买一支16～35mm的镜头，如果使用非全幅相机拍摄照片，其实际拍摄的焦距就是25～56mm，在拍摄大范围的景物时就会出现取景不全的现象。虽然大家都想拥有一台全画幅的数码单反相机，但是价格非常昂贵，不是一般消费群体所能购买的，如果没有特殊的需要购买一台非全画幅相机是很不错的选择，价格便宜，而且拍摄照片的画质足够一般的需要。

全画幅相机的成像质量非常好，其像场大，在非全画幅相机上，相当于从中央裁切一部分进行成像，也是成像最好的部分。非全画幅相机的像场小，在处理边缘上比较差。

数码单反相机的感光元件除了有36mm×24mm的全画幅外，还有APS-H、APS-C、APS-P等尺寸。其中感光元件接近22.5mm×15mm、23.6mm×15.8mm、23.7mm×15.6mm都称为APS-C画幅。

理论上讲感光元件的尺寸大小决定了数码相机成像的好坏，尺寸大感光效果好，尺寸小感光效果差。

拍摄参数： 光圈 F8　焦距 124mm　快门 1/250s　感光度 100

郎木寺上空弥漫着薄薄的一层雾气，让整个村庄显得非常神秘，清晨的薄雾预示着这将是一个晴朗的天气。

尼康篇

尼康相机的颜色锐利,连拍速度具有一定的优势,尼康D4s的连拍速度可达10张/秒。有人做过这样的实验,过分依赖相机的连拍功能,会影响摄影者抓住"决定性瞬间的判断力"。从这里可以知道,相机的连拍功能确实有它自己的优势,也能误打误撞地拍摄到精彩瞬间。对于纪实摄影,能抓住决定性瞬间往往比艺术性的照片更有魅力。

市场上全画幅单反相机主要参数

品牌型号	有效像素	连拍性能	单机价格（仅供参考）
尼康 D4s	1 661 万	10 张/秒	32 500 元
尼康 D810	3 709 万	6 张/秒	16 300 元

佳能篇

佳能在全画幅上起步比较早，实力也比较强，照片的还原色彩比较真实，镜头素质相对较高，并且可选用的镜头群非常庞大。在风光、人像、体育等拍摄领域口碑非常好，转接其他品牌（如徕卡）的镜头不用改口，笔者经常使用转接环来转接徕卡镜头进行风光拍摄（如果放在尼康机身上就需要对镜头进行破坏性切割）。

市场上全画幅单反相机主要参数

品牌型号	有效像素	连拍性能	单机价格（仅供参考）
佳能 EOS 5D Mark III	2 230 万	6 张 / 秒	15 000 元
佳能 EOS 1Dx	1 810 万	14 张 / 秒	33 300 元
佳能 EOS 6D	2 020 万	5 张 / 秒	8 899 元

佳能 EOS 6D

佳能 EOS 5D Mark III

佳能 EOS 1Dx

第2堂课　拍摄风光的镜头选择

镜头按焦距段分为：广角镜头、长焦镜头和标准镜头。

广角镜头

广角镜头拍摄的景物范围比较广，在比例上景物主体与陪体的距离拉长，离镜头近的景物大，远处的景物小，近大远小的透视变化随广角发生变化。广角越广透视变化越大，可以制造出夸张的变化。

所谓广角镜头是指焦距较短、视角较大的镜头。广角镜头一般用于拍摄风景，景物的范围比较广，可制造广阔的气势。从摄影原理来说，镜头焦距越小，视野越广，照片内可以容纳的景物范围也越广；而焦距越大则视野越窄，可拍摄远距离的景物。一般在拍摄风景时，想要拍摄到广阔的自然景物的气势，大多采用24～35mm的焦距拍摄。

型号	EF-S 18-135mm F3.5-5.6 IS
镜头类型	变焦镜头
镜头结构	12组 16 片
最小光圈	F22 ～ F36
最近对焦距离	45cm
最大放大倍率	0.21
滤镜直径	67mm
视角	74°20'～11°30'
光圈叶片数	6片

在室外可以选择一款广角镜头来拍摄风光照片，尽情地去表达自然景物的宏观效果。如果没有广角镜头，一样可以拍摄到大范围的照片，通常是采用接片的方式拍摄，而且这种方法不会像广角镜头一样发生畸变现象。

EF 16–35mm F2.8L II USM
新一代广角变焦之王

镜头结构（组/片）	12/16
光圈叶片数	9
最近对焦距离	0.28m
最大放大倍率	0.22
直径长度	885mm×111.6mm
重量	635g
滤光镜直径	82mm

拥有最大108°拍摄视角

该镜头使用了2片UD超低色散镜片以及3片非球面镜，优化的镜片镀膜和镜片位置有效抑制鬼影和眩光。圆形光圈带来出色的焦外成像，环形超声波马达、高速CPU和优化的自动对焦算法使对焦安静、快速、准确，实现全时手动对焦功能。其F2.8恒定大光圈，能适应更暗的环境，而得到广角镜头虚化背景的效果。最近对焦距离达0.28m，圆形光圈让背景虚化得比较自然。

NIKON AF–S DX 17–55mm F2.8G IF–ED
广角端的变焦镜头

镜头结构（组/片）	10/14
光圈叶片数	9
最近对焦距离	0.36m
最大放大倍率	1/5
直径长度	855mm×1105mm
重量	755g
滤光镜直径	77mm

广角拍摄的范围更广

这是一款APS-C规格的镜头，等效焦距为25.5～82.5mm，有F2.8的恒定大光圈是这支镜头的最大优势，利用大光圈配合镜头的焦距范围在拍摄人像的时候，使背景虚化得非常漂亮。这也是一款非常专业的镜头，采用了3片ED镜头及3片非球面镜，IF内对焦方式可以实现36mm的最近对焦距离。其光学成像质量非常不错，光圈开到最大时，拍摄的照片的品质远远比副厂镜头要好很多。这款镜头的体积比较大，价格也贵一些，主要的问题是兼容全画幅DSLR相机有一定的缺陷，因此在尼康的全画幅DSLR D3发布后显得高不成低不就。

长焦镜头

> 使用长焦镜头拍摄的风光照片中，主体景物清晰，背景模糊，透视感很小。用长焦镜头拍摄人物照片，能够得到完美的效果，画面很容易让人有一种身临其境的感觉。

长焦镜头可以很清楚地拉近远处的景物，但是拍摄时要注意使用合适的快门速度，可以提高感光度来保证快门速度不至于太低。

长焦镜头最大的好处就是可以将很远的景物拉得很近，在别人不知道的情况下就可以进行抓拍和偷拍。从拍摄距离上说是考虑周到的，但同时需要注意镜头的焦距越长，相机就越容易震动。所选择的快门速度最好不要低于相机焦距的导数，同时应尽量使用三脚架。

长焦镜头拍摄的景物清晰范围很小，从焦点以外逐渐模糊，在抓拍时焦点一定要是清晰的。长焦镜头善于抓拍，摄影师具备观察事物和抓取的能力，快门速度是首要的问题；也善于表现景物的主体，它的景深小的特性可以很好地虚化背景，使景物的主体与背景很好地区分开，从而表现景物主体。

长焦镜头拍摄的景物，背景会虚化，景深小。

型　　号	EF 70-200mm F2.8L IS II USM	最小光圈	F32
镜头类型	变焦	光圈叶片	8 片
镜头用途	中长焦镜头	焦距范围	70～200mm
镜头结构	19 组 23 片	最近对焦距离	1.2m
最大光圈	F2.8	最大放大倍率	0.21

CHAPTER 01 摄影后期知识储备7堂课

NIKON AF-S VR 70-200mm F2.8G
长焦镜头

镜头结构（组/片）	15/21
光圈叶片数	9
最近对焦距离	1.5m
最大放大倍率	1/6.1
直径长度	87mm×215mm
重量	1470g
滤光镜直径	77mm

完美焦外成像

　　这款镜头在设计时，工程师为了强化它的功能，让它搭载了SWM超声波对焦马达以及VR减震系统，而且镜头本身采用了镁合金外壳。使用这款镜头拍摄人像照片时，镜头的防震系统有非常大的用处，可以在暗光下较好地拍摄照片。成像品质方面，这款镜头比上一代的产品有很大的进步，各个焦距可以很好地表现人物。镜头在全开的情况下成像锐利，而且抗眩晕功能比副厂镜头要好很多。镜头使用9片圆形光圈叶片，其拍摄人物时焦外成像效果非常迷人。

标准镜头

　　通常是指焦距在40～55mm之间的摄影镜头。标准镜头所表现的景物的透视与目视比较接近。

EF 24-70mm F2.8L USM
新一代专业标准变焦镜头

镜头结构（组/片）	13/16
光圈叶片数	7
最近对焦距离	0.38m
最大放大倍率	0.29
直径长度	83.2mm×123.5mm
重量	950g
滤光镜直径	77mm

拥有24mm的超广角

　　该镜头的突出特点是拥有24mm的超广角，因此成为"一代镜王"佳能EF 28-70mm F2.8 L USM的替代者。它能满足专业摄影师对大光圈和成像品质的不懈追求，握在手中给人一种严谨、踏实的感觉。该镜头采用2片非球面镜片以及低色散玻璃和优化的镜头镀膜，在全焦范围内都可以达到极高的成像品质。还有一个相当优越的特性就是84°～34°的水平视角范围，可以满足拍摄建筑和风光的宽视觉、大景深、通前景的要求。

第3堂课　了解数码照片的白平衡

根据拍摄条件选择白平衡

相机根据不同光线下的景物色温，设定了不同的白平衡设置，方便摄影师在不同的光线条件下都可以方便地校正色温。当相机设定的色温值与景物色温值一样时，拍摄的景物颜色就不会偏色；当相机设定的色温值比景物色温值高时，颜色会偏黄；当相机设定的色温值比景物色温值低时，颜色会偏蓝。

与胶片相机不同，数码相机具有不管在何种光源下都能以正确的色调进行拍摄的特征，而白平衡就是用于实现色调调节的。白平衡的基本概念是"不管在任何光源下，都能将白色物体还原为白色"，对在特定光源下拍摄时出现的偏色现象，通过加强对应的补色来进行补偿。各种白平衡下的照片所产生的偏色显示出补偿时的补色。使用胶片相机拍摄时，为了对这些偏色进行补偿，要使用各种彩色滤镜。数码相机的基本原理与其类似，白平衡功能就相当于彩色滤镜。但在彩色滤镜中并没有类似"自动白平衡"的滤镜，在这一点上两者有很大区别。一般使用时选择自动白平衡（AWB）就足够了，但在特定条件下如果色调不理想，可以选择使用其他的白平衡选项。

白平衡的类型

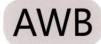

自动　　　　日光　　　　阴天　　　　钨丝灯　　　荧光灯

提示

相机的品牌与型号不同，所采用的白平衡也有所差异。

日光与阴天白平衡

日光

在晴天日光下进行正确显色,是可用于室外拍摄的用途广泛的白平衡。

雪地　　　　　　　　　　**拍摄参数：** 光圈 F11　焦距 24mm　快门 1/640s　感光度 100

选择日光白平衡模式,在日光下拍摄景物的色调如上图所示。

阴天

用于没有太阳的阴天天气。比阴影模式的补偿力度稍小一些。

雪地　　　　　　　　　　**拍摄参数：** 光圈 F11　焦距 24mm　快门 1/640s　感光度 100

选择阴天白平衡模式拍摄日光下的雪景,照片略微发黄。

钨丝灯与荧光灯白平衡

钨丝灯

拍摄参数： 光圈 F11　焦距 24mm　快门 1/640s　感光度 100

对钨丝灯的色调进行补偿的白平衡。可抑制钨丝灯光线偏红的特性。

雪地

选择钨丝灯白平衡模式拍摄日光下的雪景，照片泛出蓝色的色调。

荧光灯

拍摄参数： 光圈 F11　焦距 24mm　快门 1/640s　感光度 100

对白色荧光灯的色调进行补偿的白平衡。可抑制白色荧光灯光线偏绿的特性。

雪地

选择荧光灯白平衡模式拍摄日光下的雪景，照片有些偏蓝色。

夕阳

太阳刚出来的时候天空的色温特别低,画面偏暖色。

海边

利用白平衡使海面的蓝色更蓝。

第4堂课　光线与色彩的运用

色彩的作用

自然界中各种物体的色彩，是由于太阳光照射到物体上，经过物体选择性吸收和反射形成的。光和色是密切联系的，可以说有光才有色。摄影时要掌握光和色彩的知识，能辨别不同的色别，观察不同颜色的亮度和纯度，才能拍好照片。

色彩因太阳的光线而存在，自然界五彩缤纷的景物都是太阳的光线照射形成的。

色彩能反映人的情感，在长期的生产和生活实践中，色彩被赋予了感情，成为代表某种事物和思想情绪的象征。不同的色彩能给人以心理上的不同影响，能激发人们情感，使其在心理上、情绪上产生共鸣。拍摄时，要研究色彩与人的心理关系，发挥色彩的作用。

色彩给人的感受

红色：	热情　温暖　喜庆
绿色：	生机　和平　凉爽
蓝色：	清新　冷静　广阔
黄色：	高贵　庄重　温顺
青色：	坚强　高雅　冷静
橙色：	华美　甜蜜　时尚
紫色：	神秘　深沉　稳重

增强立体效果

摄影是一种平面造型艺术，只表现长、宽两度空间，容易使画面呆板。要使画面表现有生气，必须运用摄影技巧，使景物的立体感得以表现。

景物之间的影调层次越丰富立体感会越强。

物体的立体感，首先和光线有很大的关系。正面光、正侧光和逆光都不宜表现景物的立体感，前侧光表现景物的正侧两面，适合表现景物的立体感。影调反差大时，立体感就突出。被摄主体影调明亮时，背景深暗，立体感就强。主体深暗，背景明亮也会增加立体感。光圈小时，景深范围大，使得远近不一的景物都十分清晰，照片就缺乏立体感。如果光圈适当开大，控制景深范围，使主体物的轮廓细节清晰，而背景远景虚化，就有助于表现景物的立体感。

欧式建筑

为了增加画面的立体感，拍摄这一建筑物时选择使用侧光光线，这种光线可以很好地表现建筑物的立体感。

拍摄参数： 光圈 F8　焦距 35mm　快门 1/450s　感光度 100

表现明暗反差

影调的深浅可对情绪产生影响。深色的主景被淡色背景衬托，为高调效果；淡色的主景被深色背景衬托，为低调效果。应根据高调、低调或中间调之需，确定测光主体后控制曝光。

光比是被摄体亮部与暗部之间的亮度之比，不同的光比能表现不同的景物效果。被摄体直接受光或受光量较多的部位为亮面，间接受光或受光量较少甚至未受光的部位为暗面。亮面与暗面受光量差不多、亮度相近，光比就小，影调表现的反差也小，看起来就觉得柔软；明暗面的亮度相差较大，光比就大，影调反差也大，显得刚强；光比很大，影调以黑白两极为主，中间的灰度很少，即为高反差效果；光比很小，影调以灰为主，缺乏必要的黑白反差。

CHAPTER 01　摄影后期知识储备7堂课

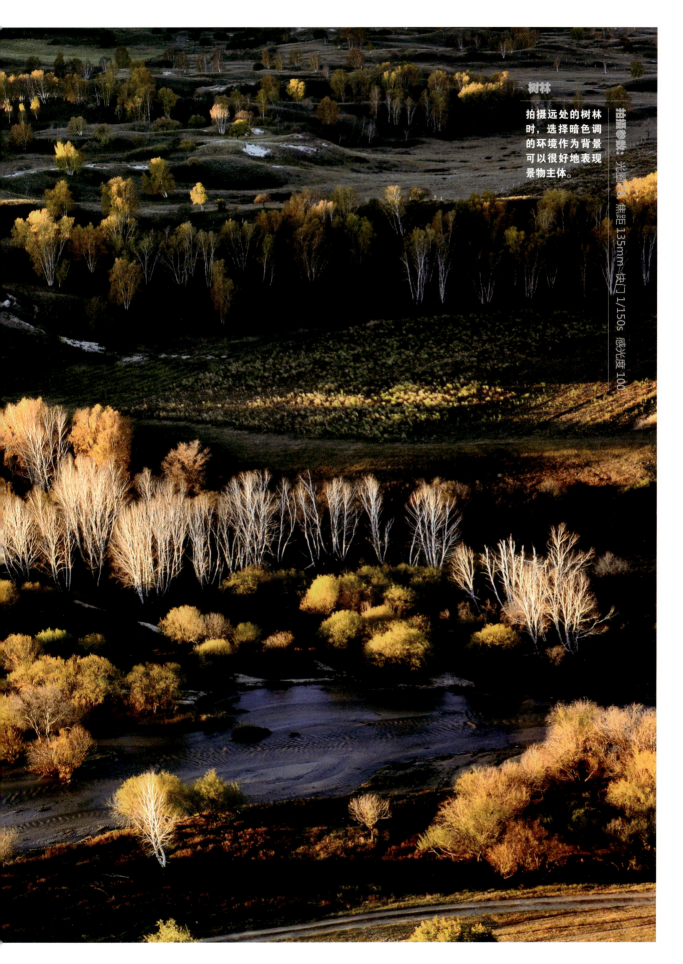

树林

拍摄远处的树林时，选择暗色调的环境作为背景可以很好地表现景物主体。

拍摄参数：光圈f/8　焦距135mm　快门1/150s　感光度100

突出轮廓线条

摄影布光有两种目的：一是确保正确曝光而照明被摄体；二是安排照明来美化被摄体。前者是摄影的根本，而后者却能将平淡的被摄体表现得非同凡响。

轮廓光是对主体物的一种修饰光。

轮廓光是来自被摄体后方或侧后方的一种光线，它如同自然光照明中的逆光照明一样。根据实际拍摄需要，这种光线有时可能是正逆光，有时也可能是侧逆光，有时又可能是高逆光。轮廓光展示了被摄体视觉上的三维效果。

轮廓光具有很强的"装饰"作用。所谓装饰主要是指这种光线能在被摄体四周形成一条亮边，装饰性地把被摄体"镶嵌"到一个光环之中，给观众一种美感效果。无论在室内实景中拍摄还是在摄影棚内和演播室内拍摄，轮廓光已经成为一个不可缺少的光线成分。在稍大的场面拍摄，轮廓光的运用同其他光线成分要有明显区别。

河岸

在逆光下拍摄河岸,大桥形成了剪影效果,很好地表现出大桥的轮廓线条。

拍摄参数:光圈 F4 焦距 124mm 快门 1/150s 感光度 100

制作独特效果

在数码风光摄影中，逆光拍摄是很多摄影者拍摄美丽风景照的一种手段，是可以产生独特艺术效果的摄影手法。

在拍摄时，要注意以下几点：

1. 曝光时要以拍摄主体的曝光量为依据。
2. 逆光拍摄花卉、植物、人物、动物等轮廓清晰、质感透明的景物时，应选择较暗的背景予以反衬，曝光时以高光部位为测光依据，以造成较强的光比反差，强化逆光光效，达到轮廓清晰、突出主体的艺术效果。
3. 拍摄剪影效果时，应以明亮的背景亮度作为曝光依据。
4. 相机对着强光源时，要注意眩光的影响。可以使用遮光罩、手等在镜头前遮挡，避免眩光产生。

雪松

雪天里的松树由于强烈的反差形成了水墨效果。

拍摄参数： 光圈 F5.6 焦距 65mm 快门 1/200s 感光度 200

第5堂课　各种滤镜的使用技巧

使用偏振镜调整色彩

> 偏振镜，也叫偏光镜，是一种滤色镜。偏振镜能选择某个方向振动的光线通过，在摄影中常用来消除或减弱非偏振光的反光，从而消除或减弱光斑效果。

偏振镜是摄影常用的滤镜，它允许偏振光通过，阻止非偏振光通过。

拍摄水面时，水面时常会有反光，会影响画面效果。可以将偏振镜放在相机镜头前，旋转偏振镜直到取景器里看不到水面的反光为止。此时拍摄的照片就会清晰很多，也没有水面上的光斑了。偏振镜阻止了非偏振光进入镜头，光线就会减弱，因此要适当增加曝光量。

根据过滤偏振光的机理不同，偏振镜可以分为线性偏振镜（简称 LPL）和圆偏振镜（简称 CPL）两种，它们的作用是相同的。LPL 主要用于老式的手动对焦相机。出现较晚的 CPL 增加了一层 1/4 波长的薄膜，这种薄膜有一种特殊的性质，可以对一个方向（假设为 x）的偏振电矢量产生 $\pi/2$ 相移，而对与它垂直方向（假设为 y）的电矢量没有任何作用。所以可以使上述偏振光沿 x 和 y 的角平分线方向通过 1/4 波片，于是出射光线就是一束由两种偏振方向垂直，相位差 $\pi/2$ 的偏振光合成的光线，也就是所谓的圆偏振光。这种设计使得其更适合新式的自动对焦和自动曝光相机。目前使用 AF 镜头（自动调焦功能的交换式镜头）的相机，都采用圆偏振镜。在一些光线条件下，线性偏振镜可能误导机内测光元件进行测光，因此 DC 和大多数自动对焦相机都使用圆偏振镜。

圆偏振镜 CPL

CHAPTER 01 摄影后期知识储备7堂课

没有使用偏振镜,水面的反光非常强烈,照片出现过曝现象。

使用偏振镜可以去掉水面的反光,曝光也比较正常。

使用中灰密度镜拍摄

中灰密度镜又称为中性灰度镜，简称 ND 镜，其作用是过滤光线。这种滤光作用是非选择性的，也就是说，ND 镜对各种不同波长的光线的减少能力是同等的、均匀的，只起到减弱光线的作用，而对原物体的颜色不会产生任何影响，因此可以真实再现景物的反差。

中性灰度镜有多种密度可供选择，如 ND2、ND4、ND8（分别需要增加一挡、两挡、三挡曝光），也可以多片中性灰度镜组合使用。

使用 ND 镜的主要目的是防止过曝，如果光线太亮就很难选择较慢的快门速度拍摄，这时使用 ND 镜减少进入镜头的光线，就能够使用较慢的快门拍摄。例如，如果需要在阳光强烈的室外拍摄，又或者需要在正常光线条件下用较长的曝光时间，以慢速快门拍摄瀑布以表现出虚化的水流等特殊效果，都需要 ND 镜。

没有使用中灰密度镜，即使光圈最小，快门速度最快，照片一样出现过曝现象。

拍摄参数： 光圈 F22 焦距 35mm 快门 1/2 000s 感光度 100

中灰密度镜可以减少进入镜头的光线，当快门速度和光圈达到极限时，照片仍然曝光过度，此时就需要使用中灰密度镜。

拍摄参数： 光圈 F22 焦距 35mm 快门 1/2 000s 感光度 100

以上两张照片拍摄时都使用了中灰密度镜。

第6堂课 点·线·面·体的表现

寻找风景中的点

依靠各种元素的完美组合可以创作出优秀的摄影作品。在摄影构图中，点可以是一个小光点，也可以是任何一个小的对象。比如，树梢上鲜嫩的叶芽，即可成为画面中的点。

由于点会成为图像的细节中心，从而将观众的注意力都吸引到它身上。存在单个点的图像传达信息一般是孤立的。所以很少通过在一个均匀的背景上利用单个点来构图。单纯地用单个点来构图可以使图像得到一些最具戏剧性的效果。

捕捉风景中的线

构图主要由两大因素组成，一个是线条，一个是影调。它们是一幅摄影画面的"肌肉"和"骨架"，可以从形式上看任何一幅照片，都会发现它们的画面都是由不同形状的线条和影调构成的。

通过线条的运用，在画面上塑造可视的形象。古今画家用这些丰富的线条技巧、线条的表现形式来表现人物和景物的质感、量感和空间感，运用线条来抒发自己的情感。

山脉

使用景深较大的广角镜头拍摄远处的山脉，照片前后的景物都很清晰。

拍摄参数： 光圈 F11　焦距 35mm　快门 1/450s　感光度 100

线条是客观事物存在的一种外在形式，它制约着物体的表面形状，每一个物体都有自己的外沿轮廓形状，都呈现出一定的线条组合。生活中任何一样东西都有自己的形状和轮廓线条，物体的不同运动，也呈现出不同的线条组合。站立着的人和跑着的人线条结构都不同，由于人们在长期的生活中对各种物体的外沿线条轮廓及运动物体的线条变化有了深刻的印象和经验，所以反过来，通过一定线条的组合，人们就能联想到某种物体的形态和运动。因此，所有造型艺术都非常重视线条的概括力和表现力，它是造型艺术的重要语言。

海景

一座座小房子坐落在海边，形成了一道美丽的风景线，采用接片的方式拍摄，海边的景物视野更开阔。

拍摄参数： 光圈 F11　焦距 24mm　快门 1/800s　感光度 100

组合风景中的面

一团光、一片纹理或一个色块都可以表现为形状。和线条一样,图像中也可以存在实际形状和虚拟形状。下面介绍如何通过在形状的角落处增加新的点来创造新的形状,从而在画面中围起一个新的区域。

艺术家将形状分为几何形状和自然形状。抽象形状一般是已经以某种方式简化的自然形状。摄影师也常拍摄一个具有另一种事物形状的事物,这些图像使人们产生视觉幻想,从而吸引人们的注意力。

线、形状、色调、形体、纹理和复杂度都参与到平衡作用中,我们很难将它们量化,但在具有良好构图的图像中却易于识别。位置也起到重要的作用,假设给出两个同样的元素,则靠近边缘的元素会被认为更具有"吸引力"。

窥天
利用屋檐与蓝色的天空形成了三角形构图,三个点之间存在着内在的联系。

拍摄参数: 光圈 F8 焦距 50mm 快门 1/500s 感光度 100

展示风景中的体

> 由线、色彩、图案和纹理的变化界定的形状在一幅画面中仍然是一个二维的对象。它覆盖一个区域并且具有"面积"。在形状的区域内加入阴影可以将形状变成形体。形体在平面图像的二维世界中表现出了三维空间。

形数 体的表现质量取决于摄影媒质描绘色调的细微程度。对于数码媒质而言，不可以简单地理解为像素越大色调越细腻。数码照片的拍摄品质和色调品质与其原始像素数有很大关系。数码感应器上的像素实际大小和固有噪点也会对照片的质量产生一定的影响。数码后期处理过程会丢失色调信息，尤其是在需要用计算机修饰时。

在室外拍摄风景照片，可以说任何时候都是美丽的，主要看摄影师如何去拍摄。春秋两季可能时机会更好一些，这两个季节日出晚，日落早，而且云层较多，可增加拍摄的效果。季节的特征也很明显，特别是景物呈现出漂亮的色彩。冬天的雪景也是美丽的，万物银装素裹。每一个季节天气都在不断变化，景色也会各不相同，所以很多因素都是人们无法控制的，但通过风景内容来控制构图是读者需要掌握的。

高光和阴影在创造美好三维立体感的过程中起到了重要作用，色彩和肌理起到了增强的作用。摄影师捕获到落在对象上的光影信息越多，对观众来说图像就越真实。

拍摄参数：光圈 F3.5 焦距 135mm 快门 1/350s 感光度 100

玫瑰

这张照片漂亮的色调给人舒服的感觉，利用长焦镜头拍摄使玫瑰花更为突出。

第7堂课　风光摄影的构图技巧

认识摄影构图

> 构图在很大程度上决定着构思的实现。因此，研究摄影构图的实质，就在于帮助摄影师从周围丰富多彩的现实中选择出典型的生活素材，并赋予它鲜明的造型形式，创作出具有深刻思想内容与完美形式的摄影艺术作品。

构图为造型艺术的术语。艺术家为了表现作品的主题思想和美感效果，在一定的空间，安排和处理人、物的关系和位置，把个别或局部的形象组成艺术的整体。在中国传统绘画中称为"章法"或"布局"。这个术语中包含着一个基本而概括的意义，那就是把构成整体的那些部分统一起来，在有限的空间或平面上对作者所表现的形象进行组织，形成画面的特定结构，借以实现摄影者的表现意图。总之，构图就是指如何把人、景、物安排在画面当中以获得最佳布局的方法，是把形象结合起来的方法，是揭示形象的全部手段的总和。构图还需要讲究艺术技巧和表现手段。

倒影　　　　　**拍摄参数：** 光圈 F8　焦距 35mm　快门 1/500s　感光度 100

使用了中心构图和对称式构图，让画面显得庄重、有形式感。

摄影构图的特点

每一个题材,都有它自身的视觉美点。当摄影师观察生活中的具体事物——人、树、房或花的时候,应该撇开它们的一般特征,而把它们看作形态、线条、质地、明暗、颜色、用光和立体物的结合体。

通过摄影者运用各种造型手段,在画面上生动、鲜明地表现出被摄物的形状、色彩、质感、立体感、动感和空间关系,使之符合人们的视觉规律,为观赏者所真切感受时,才能取得满意的视觉效果——视觉美点。也就是说,构图要具有审美性。

作为摄影者,要善于用眼睛感受大自然并把这种视觉感受体现于照片中。但构图不能成为目的本身,因为构图的基本任务是最大限度地阐明艺术家的构思。构图的目的是把构思中典型化了的人或景物加以强调、突出,从而舍弃那些一般的、表面的、烦琐的、次要的东西,并恰当地安排陪体,选择环境,使作品比现实生活更高、更强烈、更完善、更集中、更典型、更理想,以增强艺术效果。总的来说,就是把摄影者的思想情感传递给观众的艺术。

利用三分法拍摄湖水,照片的构图形式感非常好,再加上树枝作为前景,画面的颜色更加漂亮。

蓝色天空

拍摄参数: 光圈 F11 焦距 24mm 快门 1/640s 感光度 100

摄影主题的形成

> 灵感是因思想高度集中突然爆发出来的创作能力。但灵感不是凭空而来的，往往是经过一番苦思冥想后出现的，灵感的来临常常带有一定的偶然性，有时是在无意之中被触发的。

从司空见惯的东西中，唯独天才的艺术家才能够发现美、创造美。生活和美紧紧联系在一起，生活中的一切无不隐含着美的因素，关键在于艺术家的敏感和想象力。艺术家高于常人的敏感来源于不断地努力观察生活和艺术修养。摄影创作的主题挖掘来自于生活。主题的形成引起摄影者更强烈的创作欲望和创作冲动。主题是灵魂，是属于思想性的东西。"意在摄先"是说在摄之前必须立意，意也就是主题。主题的形成离不开社会实践，它是摄影师在长期的生活实践中逐步孕育而成的，是从自然界中提炼出来的。

傍晚

在太阳落山的时刻，天空格外引人注目。需要注意的是相机测光不应对着太阳，否则会出现曝光误差，应该对准太阳周围的天空测光。

拍摄参数： 光圈 F8 焦距 35mm 快门 1/10s 感光度 100

艺术之所以不能被复制主要是其源于创造和想象，包含着摄影者思想的激情和创造力。每个摄影者在其生活的任何瞬间，都有可能被某种思想感情所占据。有时候这种思想感情使其难以摆脱，于是摄影者就在现实生活环境中热心地寻觅这种思想感情的表现。摄影者在生活的瞬间中创作出摄影艺术作品，这是一种奇特而高涨的激情形式。因此有些人把这种激情称作"灵感"。这种灵感，心理学家认为是在创造活动中出现的一种心理现象。

主题与构图的关系

> 主题确立后,艺术构思成为形象思想最活跃的阶段。在这个阶段里虽有形象,但不是实践阶段。

事实上还有若干细节或人物形象可能尚有疏漏,而要完成创作意图,必须将构思中的形象和画面具体地描绘出来。这需要技巧,但技巧正是整个构思的组成部分,而构思的成熟又取决于认识的深度。为了获得表现力,艺术家在画面上寻找造型动机和各种变化,以便找出其中最优秀的一种,这就是构图。

作品的构思正是从构图中体现出来的,没有构思也就没有构图,构图的过程正是构思的发展和深化主题的过程。每个艺术家都生活在现实的社会中,他们的作品总是体现着自身对生活的感受、思索、判断和结论。通过作品可以看出作者的素养、思想、性格、情趣、要求和愿望。作品的背后是作者的个性,在真正的创作活动中,形象具有强烈个性。

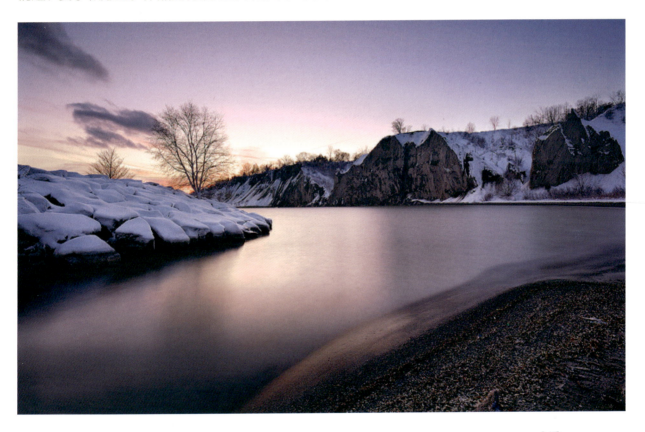

小溪

小溪的水慢慢地流淌,夕阳的光线照射着美丽的小溪,为画面增添了漂亮的色彩,使用慢速快门虚化小溪的流水呈现出丝绢般的效果。

拍摄参数: 光圈 F22 焦距 24mm 快门 1/2s 感光度 100

均衡构图

在同一幅画面之中，主体和陪体共同表达一个中心思想，在情节发展变化的过程中，彼此之间有呼应，构成一个整体，形成一幅完美的画面。

有时在画面中会出现空缺不均衡的情况，比如天空无云显得单调，可以将下垂的枝叶置于上方，来弥补画面不足之处；有时画面下方压不住，上重下轻，可用山石、栏杆做前景，色调深使画面压住阵脚，起到稳定、均衡的作用。

对称式构图

对称式构图又称为均衡式构图，通常以一个点或一条线为中心，其两个面在排列上的形状、大小趋于一致且呈对称。

海拔很高的山上常年的积水形成了一个小湖，平静的水面倒映着山上、天空的景色，完美的对称式构图使画面更富有美感。

对角线构图

对角线构图能够营造一种不安定感。对角线是画面中最长的一条直线，它的应用可以在照片中融入动感。另外，这条直线将画面分成了两部分，也可体现出强劲的力度。

对角线构图的特点是避开了左右构图的呆板感觉，形成了视觉上的均衡感和空间上的纵深感。

S形构图

S形，实际上是一条曲线的形状，只是这条曲线是有规律的定型曲线。S形具有曲线的优点，优美而富有活力和韵味。

左图：弯曲的河道在画面中构成优美的景象。

右图：一条公路弯弯曲曲地在草原上盘旋，从远处看像是一条S形的龙俯卧在地面上。

X形构图

线条、影调按 X 形布局,透视感强,有利于把观众的视线由四周引向中心,或景物具有从中心向四周逐渐扩散的特点。

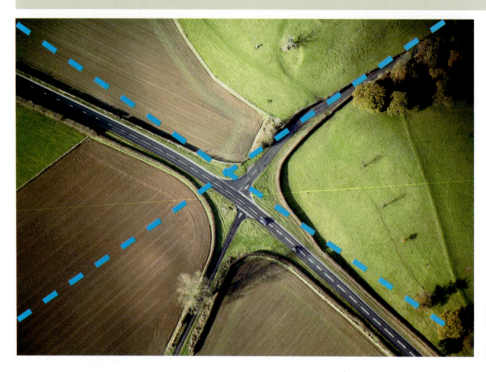

从远处天空俯视拍摄,十字形的公路把田地分隔成四块,X 形的构图使画面具有严谨的美感。

三角形构图

以三个视觉中心为景物的主要位置,有时是以三点成一面的几何形成安排景物的位置,形成一个稳定的三角形。

正三角形构图,可以产生稳定感,而倒三角形的构图给人不稳定的感觉。在拍摄时根据情况,使用三角形构图,可用于不同景别如近景人物、特写的拍摄。

CHAPTER 02

Photoshop 整体调色

本章学习使用Photoshop进行画面的整体调色,首先要搞清楚调色的原理,哪些工具能够进行调色;其次是如何调色,有哪些常用的手段。

2.1 颜色与光线

颜色与光线密不可分,如果没有光线,摄影与视觉也就不复存在。摄影是光的艺术,光线是产生颜色的原因,也是唤起人们色彩感的关键。

2.1.1 可见光

在物理学上光属于一定波长范围内的一种电磁辐射。可见光是电磁波谱中人眼可以感知的部分,可见光谱没有精确的范围;一般人的眼睛可以感知的电磁波的波长范围为380～780nm,称为可见光。波长不同的电磁波,引起人眼的颜色感觉不同。波长大于780nm时是红外线,小于380nm时是紫外线。

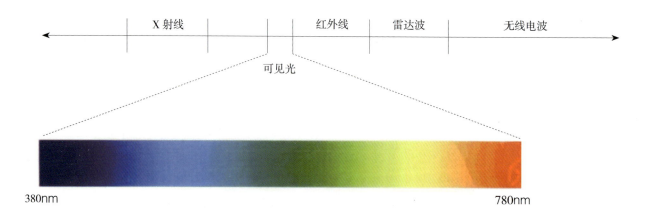

2.1.2 光谱色

人们生活在一个五彩缤纷的彩色世界里。蓝色的天空、绿色的草地、黄色的土地……这些都是光线照射的结果。五颜六色的自然景物,到了晚上失去光线的照射,将陷入一片黑暗之中。由此得出结论:无光则无色,离开光的作用,色彩不能单独存在。

色彩是一种光的现象,物体的色彩是光照结果。人们平时所见到的阳光被称为白光,白光是由七色光混合而成的。这是17世纪英国伟大的物理学家牛顿的发现,他将一束白光从细缝引入暗室,当太阳光通过三棱镜折射到白色屏幕上时,便会分解成红、橙、黄、绿、青、蓝、紫七色光,这七种色光叫光谱色,这是自然界最饱和的色光,由这七色称为组成的彩带叫作光谱。其中白色光最强,蓝色光最弱。生活中表现最直接的例子就是彩虹,彩虹就是光通过小水滴后形成的色散现象。

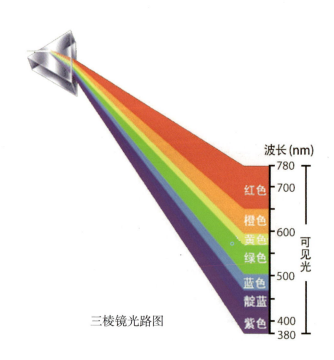

三棱镜光路图

2.1.3 色温

了解色温

太阳只有一个，然而，在不同的天气，由太阳这个光源所表现出的色彩却各不相同。例如，晴天的朝阳偏红，阴天的光偏蓝。由此可见，当温度发生变化时，光的颜色也会随之改变。

19世纪末由英国物理学家洛德·开尔文制定出了一套用以计算光线成分的方法，即色温计算法，而其具体确定的标准是基于以一黑体辐射器所发出来的波长。光源的辐射在可见区和绝对黑体的辐射完全相同时，黑体的温度就称为此光源的色温。低色温光源的特征是能量分布中，红辐射相对来说要多一些，通常称为"暖光"；色温提高后，能量分布中，蓝辐射的比例增加，通常称为"冷光"。

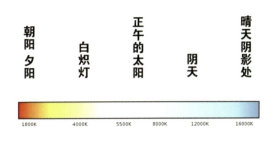

色温变化示意图

最佳拍摄时间段

在日出后和日落前的一段时间，太阳的温度较低，天空中的光线不刺眼，场景中的色彩偏向红色或橘红色，阳光温度宜人，很多摄影师把这段短暂的时间称为"美妙时刻"，大多数的杂志摄影都是在这段时间拍摄的。因为此时的光线能够自然地把各个特殊的投影平面分开，突出画面中的重要细节，从而使拍摄出的画面栩栩如生。到了中午的时候，随着太阳的升高，色温也会慢慢上升，场景色调偏蓝，光线也会变得强烈起来，这时候拍出的物体会产生细长的影子，往往可以创造出戏剧性的效果。

2.1.4 白平衡

相机的白平衡设置

当人们看到白色时，由于在有色光照射下，白色呈现出有色光的颜色，但人们仍认为它是白色的，因为人的眼睛可以自动纠正颜色。但是相机则不同，如果相机的色彩调整同景物的照明色温不一致时就会发生偏色。因此，数码相机提供白平衡功能，通过调整相机内部的色彩电路，修正外部光线造成的偏差，使照片表现出正确的色彩。下面欣赏几张在不同拍摄环境中使用了白平衡的美图。

冷色调给人寒冷的感觉，拍摄夜景照片时应采用机内色温略低于现场光色温的做法，使水面呈现蓝色，加强寒冷的视觉印象，更有身临其境之感。

暖色调给人温馨舒适的感觉，拍摄夕阳环境时要根据阳光的色调，选择机内色温略高于现场光色温的做法，使环境偏向暖色调。

下面的表格是在相同环境和条件下，只改变白平衡设置拍摄出来的效果。

AWB自动	日光	阴天	阴影	白炽灯	荧光灯	闪光灯
可对所有光源的特有颜色进行自动补偿。如果拍摄的对象不是特殊的对象，通常情况下都使用自动模式	是用于室外拍摄、用途比较广泛的白平衡模式，在晴天的中午，室外阳光直射的情况下使用该模式，色温约为5200k	在多云、阴天的天气下拍摄时使用的模式，色温约为6000k	在晴天室外日光的阴影下拍摄使用的模式，色温约为7000k。若是在晴天的日光下使用该模式拍摄，色调会略微偏红	在室内灯泡照明的环境中使用该模式，可抑制白炽灯光线偏红的特性，色温约为3200k	在白色荧光灯环境中使用该模式可抑制白色荧光灯光线偏绿的特性，色温约为4000k	以闪光灯为主光源或需要为主体补光的情况下使用，可以对偏蓝色的闪光灯光线进行补偿。色温约为6000k

后期调整白平衡

后期调整白平衡最直接、最有效的方法是使用Camera RAW，因为它针对白平衡设置了一个专用的选项可供调节。而使用"色彩平衡""曲线"等命令进行调节时，需了解色彩与通道的关系、色彩之间的互补等，这样就没有使用Camera RAW那么直观。

Camera RAW是作为一个增效工具随Photoshop一起提供的，安装Photoshop时会自动安装Camera RAW，因此要使用Camera RAW，需要先启动Photoshop。

Camera RAW可以处理RAW、JPEG、TIFF等文件格式，但这几种文件格式的打开方式却有些不同。如果要处理RAW格式的照片，在Photoshop中执行"文件>打开"命令，选择需要打开的素材文件，就可以启动Camera RAW并打开素材照片。如果要处理JPEG或其他格式的照片，则需要执行"文件>打开为"命令，在弹出的对话框中选择照片，并在"打开为"下拉列表中选择Camera RAW格式，单击"打开"按钮，照片将以Camera RAW格式打开。

下图是在自动白平衡模式下拍摄出来的照片，照片格式为JPEG，在Camera RAW中打开该照片，可以随意调节色温参数，从而调整白平衡。

调整色温往往会得到意想不到的效果。比如，提高色温，可以使画面中的风景呈现偏红的暖色调；降低色温，则会使整个画面呈现偏蓝的冷色调。

暖色调　　　　　　　　　　　　　　　　　　　冷色调

白平衡选项中包含两个选项：色温和色调。如果拍摄照片时光线色温较高，即色调发蓝，可提高色温值，将照片变暖，以补偿周围光线的高色温。反之，如果拍摄时光线色温较低，即色调发黄，可降低色温值，使图片色调偏蓝，以补偿周围光线的低色温。

色调选项用于补偿绿色和洋红色。降低色调值会在图片中增加绿色，增加色调值会在图片中增加洋红色。

2.1.5　色偏

了解色偏

照片中精确的色彩是被拍摄物体上的色温与影像传感器之间的匹配结果，没有这样的匹配，照片会变成太冷的蓝色调，或太暖的红色调，这样的照片就会出现色偏，需要进行后期处理，如下方左图所示。造成色偏的原因有很多，比如相机白平衡设置错误、室内的人工照明对拍摄对象的影响等。然而出现色偏的照片并不完全有害，相反有些照片还可以增强视觉效果，为照片打造出特殊的色调。这样的偏色照片就不用处理，如下方右图所示。

出现色偏的照片　　　　　　　　修正色偏后的照片　　　　　　　不需要修正的色偏照片

2.2 颜色的属性

色彩的应用很早就已经有了，但是色彩的科学，直到牛顿发现太阳光通过三棱镜发生分解而有了光谱之后才迈入新纪元，在16～17世纪出现很多光线与色彩的研究，直到20世纪美国Munsell的出现，才使得色彩的研究定下基础。

2.2.1 色彩的分类

在千变万化的色彩世界中，人们视觉感受到的色彩非常丰富，现代色彩学按照全面、系统的观点，将色彩分为有彩色和无彩色两大类。有彩色是指红、橙、黄、绿、蓝、紫这6个基本色相以及由它们混合所得到的所有色彩。无彩色是指黑色、白色和各种纯度的灰色。从物理学的角度看，它们不包括在可见光谱之中，故不能称为色彩。但是从视觉生理学和心理学上来说，它们具有完整的色彩性，应该包括在色彩体系之中。

有彩色

无彩色

2.2.2 色相

色相是色彩的最大特征，是指能够比较确切地表示某种颜色色别的名称，如红色、黄色、蓝色等，色彩的成分越多，色彩的色相越不鲜明。光谱中的红、橙、黄、绿、蓝、紫为基本色相，色彩学家将它们以环形排列，再加上光谱中没有的红紫色，形成一个封闭的圆环，就构成了色相环。由色彩间的不同混合，可分别做出10、12、16、18、24色相环。

12色色相环

24色色相环

2.2.3 明度

明度是指色彩的亮度或明度。颜色有深浅、明暗的变化。比如，深黄、中黄、淡黄、柠檬黄等黄色在明度上就不一样，紫红、深红、玫瑰红、大红等红色在亮度上也不相同。这些颜色在明暗、深浅上的不同变化，也就是色彩的明度变化。

无彩色中明度最高的是白色，明度最低的是黑色，如下图所示。

有彩色中黄色明度最高，处于光谱中心，紫色明度最低，处于光谱边缘。有彩色加入白色时会提高明度，加入黑色则降低明度，如右图所示，上方色阶为不断加入白色、明度变亮的过程，下方色阶为不断加入黑色、明度变暗的过程。

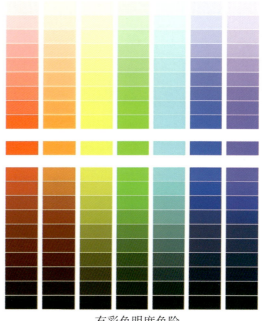

无彩色明度色阶　　　　　　　　　　　　有彩色明度色阶

2.2.4 饱和度

饱和度是指色彩的鲜艳程度，也称为色彩的纯度。人的眼睛能够辨认有色相的色彩都具有一定的鲜艳度。饱和度取决于该色中含色成分和消色成分(灰色)的比例。含色成分越大，饱和度越大；消色成分越大，饱和度越小。有彩色中红、橙、黄、绿、蓝、紫基本色相/饱和度最高。无彩色没有色相，因此，饱和度为零。例如绿色，当它混入白色时，鲜艳度就会降低，但明度增强，变为淡绿色；当它混入黑色时，鲜艳度降低，明度也会降低，变为暗绿色，如下图所示。

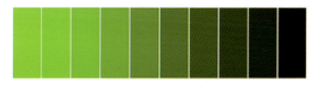

饱和度降低，明度降低　　　　　　　　　饱和度降低，明度增强

2.2.5 色调

以明度和饱和度共同表现色彩的程度称为色调。色调一般分为11种：鲜明、高亮、清澈、明亮、灰亮、苍白、隐约、浅灰、阴暗、深暗、黑暗。其中鲜明和高亮的彩度很高，给人华丽而又强烈的感觉；清澈和隐约的亮度和彩度比较高，给人一种柔和的感觉；灰亮、浅亮和阴暗的亮度和彩度比较低，给人一种冷静、朴素的感觉；深暗和黑暗的亮度很低，给人一种压抑、凝重的感觉。

高调摄影　　　　　　低调摄影

2.3 色彩的混合

两种或两种以上的色彩混合在一起,构成与原色不同的新颜色称为色彩混合。色彩混合分为加色混合、减色混合和视觉混合三种类型。

2.3.1 加色混合

加色混合也称为加光混合,是指将不同光源的辐射光透射在一起产生出新的色光。例如面前一堵石灰墙,没有光照时它在黑暗中,眼睛看不到它。墙面只被红光照亮时呈红色,只被绿光照亮时呈绿色,被红、绿光同时照亮时则呈黄色。

色光的三原色是红色、绿色和蓝色,将它们按照不同的比例混合,就可以创造出大自然中的任何一种色彩,色光三原色混合会生成白色,如右图所示。

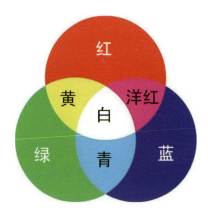

加色混合原理

2.3.2 减色混合

减色混合指不能发光,却能将照来的光吸掉一部分,将剩下的光反射出去的色料的混合。颜料、染料、印刷油墨等都属于减色混合。

所有印刷品都是由青、洋红、黄、黑这四种油墨混合而成的。青色油墨只吸收红光,洋红色油墨只吸收绿光,黄色油墨只吸收蓝光。

例如,在印刷品中,当白光照在纸上以后,如果要让绿色油墨看上去是绿色的,就必须将绿光反射到人的眼睛里。根据减色混合原理图,可以看到绿色油墨是由青色和黄色油墨混合而成的,青色油墨将红光吸收了,黄色油墨将蓝光吸收了,因此,只有绿光反射出来,人们眼睛看到的绿色就是这样产生的。

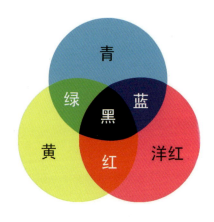

减色混合原理

2.3.3 视觉混合

通过视觉过程产生的混合称为视觉混合。视觉混合分为有色旋转混合和并置混合两种类型。

旋转混合是指将任意两种以上的色料涂在圆盘上,快速旋转而呈现出一种新的颜色。

并置混合是将不同的色彩以点、线、网、小块面等形式交错杂陈地并置在纸上,隔开一段距离观看,就能看到并置混合出来的新色。

2.3.4 色域

色域是指某种特定的设备,如打印机,能够产生出色彩的全部范围。在现实生活中,自然界可见光谱的颜色形成了最大的色域空间,它包含人眼所能见到的所有颜色。国际照明协会根据人眼的视觉特性,把光线、波长转换为亮度跟色相,创建了一套描述色域的色彩数据。

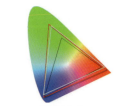

Lab色域最广,RGB次之,CMYK色域最小

2.3.5 色彩管理

什么是色彩管理

所谓色彩管理，是指运用软、硬件结合的方法，在生产系统中自动统一地管理和调整颜色，以保证在整个过程中颜色的一致性。

由于每一种设备都有一个不同的色域进行工作，这就容易出现一个问题，数码相机和打印机会将一种相同的颜色解读为带有细微差别的色彩。色彩管理是指对数码相机、打印机、显示器及印刷设备之间所存在的色彩关系进行协调，使不同设备所表现的颜色尽可能地统一。

指定配置文件

Photoshop借助ICC颜色配置文件来转换颜色。ICC颜色配置文件是用于描述设备怎样产生色彩的小文件，它的格式由国际色彩联盟规定。

要指定配置文件，可执行"编辑>颜色设置"命令，打开"颜色设置"对话框，在"工作空间"选项组的RGB下拉列表中进行选择。其中ProPhoto RGB提供的色彩最绚丽，Adobe RGB次之，Apple RGB和ColorMatch RGB要比它们暗一些，sRGB没有Adobe RGB表现力强。

Adobe RGB　　　　　　Apple RGB

转换配置文件

如果要将以某种色彩空间保存的照片调整为另外一种色彩空间，可以将图像打开，执行"编辑>转换为配置文件"命令，打开"转换为配置文件"对话框，在"目标空间"选项组"配置文件"下拉列表中选择所需要的色彩空间，单击"确定"按钮进行转换。

> **Tips**
>
> 配置文件设定技巧：
> 大多数数码相机都将sRGB设定为默认的色彩空间，因此在处理用于数码相机拍摄的照片时，可以设定为sRGB，如果需要将照片用于打印和输出，建议将其设定为Adobe RGB，因为该格式包含一些无法使用sRGB定义的可打印颜色，比如青色和蓝色。

2.4 替换颜色与色彩平衡

观察原图可以发现，图像中的花朵是红色的，那么本节案例就来利用"可选颜色"等命令，将花朵改变为黄色。首先添加"曲线"调整图层将图像提亮；然后，添加"选取颜色"图层设置参数，对花朵的颜色进行调整；最后添加"色彩平衡"调整图层，将图像的阴影、高光、中间调等进行调整。

原始文件：Chapter 02/Media/2-4.jpg　　　　　　最终文件：Chapter 02/Complete/2-4.psd

01 打开文件 执行"文件 > 打开"命令，或按 Ctrl+O 组合键，打开素材文件 2-4.jpg。拖曳"背景"图层到"图层"面板下方的"创建新图层"按钮上，新建"背景 复制"图层，如下图所示。

02 提亮画面 单击"图层"面板下方的"创建新的填充或调整图层"按钮❷，在弹出的下拉菜单中选择"曲线"选项，设置参数。在"图层"面板中设置该图层的不透明度为 64%。

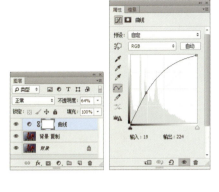 

03 调整红色调 单击"图层"面板下方的"创建新的填充或调整图层"按钮❷，在弹出的下拉菜单中选择"可选颜色"选项，在"颜色"下拉列表中选择红色,设置参数,如下图所示。

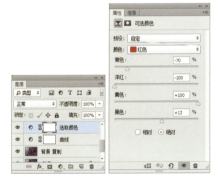 

04 调整黄色调 继续在"颜色"下拉列表中选择黄色，设置参数，如下图所示。

05 调整画面中间调 单击"图层"面板下方的"创建新的填充或调整图层"按钮,在弹出的下拉菜单中选择"色彩平衡"选项,在"色调"下拉列表中选择中间调,设置参数,如下图所示。

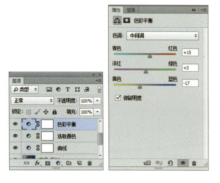

06 调整画面高光 继续在"色调"下拉列表中选择高光,设置参数,如下图所示。

07 调整画面阴影 继续在"色调"下拉列表中选择阴影,设置参数,如下图所示。

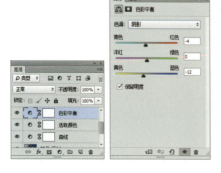

08 **调整图像色调** 单击"图层"面板下方的"创建新的填充或调整图层"按钮 ⊘，在弹出的下拉菜单中选择"色阶"选项，设置参数。

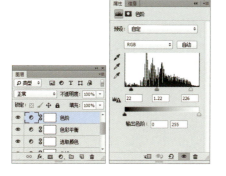

09 **压暗图像** 继续单击"图层"面板下方的"创建新的填充或调整图层"按钮 ⊘，在弹出的下拉菜单中选择"曲线"选项，设置参数。

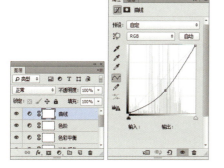

10 **隐藏部分曲线效果** 选择"曲线"图层蒙版，按 Ctrl+I 组合键进行反向，利用白色柔角画笔，降低画笔的不透明度，在画面上进行涂抹，将曲线效果只应用于部分图像，最终效果如右图所示。

2.5 校正偏色

本实例主要介绍校正偏色。在生活中拍摄出来的照片往往与实景不太一致，本节案例将讲解如何在Photoshop中对偏色的照片进行校正。首先添加"选取颜色"图层，将图像的色调进行调整；然后添加"曲线"调整图层将画面进行提亮；最后继续添加"曲线"调整图层，将图像四周进行压暗使图像对比度更加明显。

原始文件：Chapter 02/Media/2-5.jpg   最终文件：Chapter 02/Complete/2-5.psd

01 打开文件 执行"文件>打开"命令，或按 Ctrl+O 组合键，打开素材文件 2-5.jpg。拖曳"背景"图层到"图层"面板下方的"创建新图层"按钮上，新建"背景 复制"图层，如下图所示。

❷ **调整红色调** 单击"图层"面板下方的"创建新的填充或调整图层"按钮，在弹出的下拉菜单中选择"可选颜色"选项，在"颜色"下拉列表中选择红色，设置参数，如下图所示。

❸ **调整黄色调** 继续在"颜色"下拉列表中选择黄色，设置参数，如下图所示。

❹ **调整白色调** 继续在"颜色"下拉列表中选择白色，设置参数，如下图所示。选择"选取颜色"图层蒙版，利用黑色柔角画笔，降低画笔的不透明度，在图像右上角进行涂抹。

05 提高图像亮度 单击"图层"面板下方的"创建新的填充或调整图层"按钮,在弹出的下拉菜单中选择"曲线"选项。由于原图片色彩灰暗,提高图片亮度,调整后的效果如右图所示。

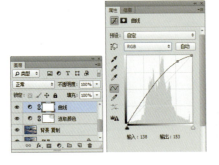

06 添加红色调 选择"属性"面板中的"红"通道,进行调整。由于原图片色彩单调,为图像添加部分红色调,调整后的效果如右图所示。

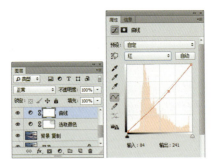

07 隐藏部分曲线效果 选择"曲线"图层蒙版,按Ctrl+I组合键进行反向,利用白色柔角画笔,在图像上进行涂抹,将曲线效果只应用于部分图像。

❽ **调整色调** 继续单击"图层"面板下方的"创建新的填充或调整图层"按钮，在弹出的下拉菜单中选择"曲线"选项，设置参数，如下图所示。

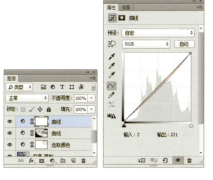

❾ **压暗图像** 继续添加"曲线"调整图层，设置曲线参数，将图像进行压暗。选择"曲线"图层蒙版，利用黑色柔角画笔在图像中心进行涂抹，将部分曲线效果进行隐藏。

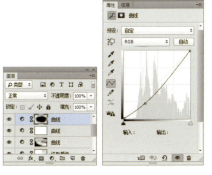

❿ **盖印图层** 按 Ctrl+Shift+Alt+E 组合键盖印可见图层，将盖印的图层名称修改为效果图，最终效果如右图所示。

2.6 调整色相

本节案例主要介绍调整图像的色相。首先利用曲线将画面整体进行提亮，再将图像的色调进行调整；然后继续添加"可选颜色"调整图层，设置参数，对图像色调进行调整，使图像变得更加有层次感；最后添加"色阶"调整图层将图像对比度增强，利用"USM锐化"命令提高图像清晰度。

原始文件：Chapter 02/Media/2-6.jpg　　　　　最终文件：Chapter 02/Complete/2-6.psd

01 打开文件 执行"文件>打开"命令，或按 Ctrl+O 组合键，打开素材文件 2-6.jpg。拖曳"背景"图层到"图层"面板下方的"创建新图层"按钮上，新建"背景 复制"图层，如下图所示。

❷ 调整"红"通道色阶 单击"通道"面板中的"红"通道，按 Ctrl+J 组合键进行复制。选择"红 拷贝"，按 Ctrl+L 组合键，在弹出的"色阶"对话框中设置参数，单击"确定"按钮。按住 Ctrl 键单击"红 拷贝"通道的图层缩览图为其创建选区，然后回到"图层"面板。

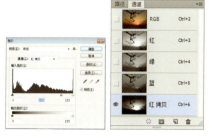

❸ 提亮画面 单击"图层"面板下方的"创建新的填充或调整图层"按钮，在弹出的下拉菜单中选择"曲线"选项，设置参数，将画面提亮，效果如下图所示。

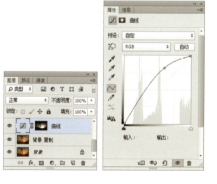

❹ 调整绿色调 在"属性"面板中选择"绿"通道，设置参数，如下图所示。

05 调整蓝色调 继续在"属性"面板中选择"蓝"通道，设置参数，如下图所示。

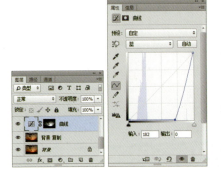

06 调整曲线不透明度 选择"曲线"调整图层，在"图层"面板中，设置该图层的不透明度为88%。

07 添加红色调 单击"图层"面板下方的"创建新的填充或调整图层"按钮，在弹出的下拉菜单中选择"可选颜色"选项，在"颜色"下拉列表中选择红色，设置参数，如下图所示。

08 调整黄色调 继续在"颜色"下拉列表中选择黄色，设置参数，如下图所示。

09 调整白色调 继续在"颜色"下拉列表中选择白色，设置参数，如下图所示。

10 调整图层不透明度 选择"选取颜色"图层，在"图层"面板中，设置该图层的不透明度为62%。

⑪ 增强画面对比度 继续添加"色阶"调整图层，设置色阶参数，增强画面对比度，并将该图层的不透明度调整为 90%。

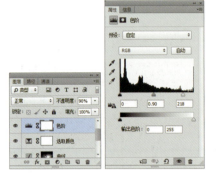

⑫ 盖印图层 按 Ctrl+Shift+Alt+E 组合键盖印可见图层，将盖印的图层名称修改为"锐化"。

⑬ 将图像进行锐化 执行"滤镜>锐化>USM 锐化"命令，在弹出的对话框中设置参数，对图像进行锐化，最终效果如右图所示。

2.7 调整饱和度

本节案例介绍调整图像的饱和度。观察原图,可以发现图像暗淡,缺乏色彩感,且饱和度过低。首先使用"曲线"命令,对图像色调进行调整,使图像具有色彩感;然后添加"色相/饱和度"调整图层,将图像的饱和度进行提高;最后使用"USM锐化"命令,设置参数,使图像更加清晰。

原始文件:Chapter 02/Media/2-7.jpg   最终文件:Chapter 02/Complete/2-7.psd

① 打开文件 执行"文件>打开"命令,或按 Ctrl+O 组合键,打开素材文件 2-7.jpg。

② 复制"背景"图层 拖曳"背景"图层到"图层"面板下方的"创建新图层"按钮上,新建"背景 复制"图层,如下图所示。

03 调整红色调 单击"图层"面板下方的"创建新的填充或调整图层"按钮，在弹出的下拉菜单中选择"曲线"选项，选择"红"通道，设置参数，如下图所示。

04 调整绿色调 继续选择"属性"面板中的"绿"通道，进行调整，效果如下图所示。

05 调整蓝色调 继续选择"属性"面板中的"蓝"通道，进行调整，效果如下图所示。

06 调整混合模式 选择"曲线"图层，将该图层的混合模式调整为"柔光"，不透明度调整为80%。

CHAPTER 02　Photoshop整体调色

07 调整图像色调 继续添加"曲线"调整图层,设置曲线参数,对图像色调进行调整。

09 盖印图层 按Ctrl+Shift+Alt+E组合键盖印可见图层,将盖印的图层名称修改为"锐化"。

08 调整色相/饱和度 继续单击"图层"面板下方的"创建新的填充或调整图层"按钮,在弹出的下拉菜单中选择"色相/饱和度"选项,设置参数,如下图所示。

10 调整图像清晰度 执行"滤镜 > 锐化 > USM锐化"命令,在弹出的"USM锐化"对话框中设置参数,对图像进行锐化,使图像更加清晰,最终效果如下图所示。

61

2.8 曝光度调色

本节案例主要介绍曝光度调色。观察原图可以发现，图像比较暗淡。使用"曲线"和"亮度/对比度"命令，对图像进行提亮；接下来将对图像中的瑕疵进行修整；最后加深图像的颜色，提高清晰度。

原始文件：Chapter 02/Media/2-8.jpg　　　　　最终文件：Chapter 02/Complete/2-8.psd

01 打开文件 执行"文件 > 打开"命令，或按 Ctrl+O 组合键，打开素材文件 2-8.jpg。拖曳"背景"图层到"图层"面板下方的"创建新图层"按钮上，新建"背景 复制"图层，如下图所示。

02 提亮画面 单击"图层"面板下方的"创建新的填充或调整图层"按钮 ◑，在弹出的下拉菜单中选择"曲线"选项，设置参数，将画面提亮，效果如右图所示。

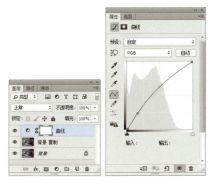

03 提亮画面 继续单击"图层"面板下方的"创建新的填充或调整图层"按钮 ◑，在弹出的下拉菜单中选择"亮度/对比度"选项，设置参数，效果如右图所示。

04 瑕疵修整 按 Ctrl+Shift+Alt+E 组合键盖印可见图层，将盖印的图层名称修改为"瑕疵修整"，单击工具箱中的"修补工具"按钮 ◑，在选项栏中设置为"源"，对画面中存在瑕疵的部位进行圈选，将其拖曳到相邻完好的图像上进行修补。使用同样的方法将其他瑕疵一并修整。

05 模糊图像 继续盖印可见图层，将盖印的图层名称修改为"加深颜色"。执行"滤镜>模糊>高斯模糊"命令，在弹出的"高斯模糊"对话框中设置参数，效果如右图所示。

06 调整图层混合模式与不透明度 在"图层"面板中设置"加深颜色"图层的混合模式为"柔光"，不透明度为18%。

07 调整图像清晰度 继续按 Ctrl+Shift+Alt+E 组合键盖印可见图层，将盖印的图层名称修改为"锐化"。执行"滤镜>锐化>USM 锐化"命令，在弹出的"USM 锐化"对话框中设置参数，最终效果如右图所示。

2.9 曲线校正颜色

首先通过载入阴影选区，以及设置图层的混合模式为滤色，提亮阴影部位；再通过"曲线"和"色阶"命令调整图像的色调；最后通过"USM锐化"命令锐化图像，增加图像锐度。

原始文件：Chapter 02/Media/2-9.jpg　　　　　最终文件：Chapter 02/Complete/2-9.psd

01 打开文件 执行"文件>打开"命令，在弹出的"打开"对话框中打开素材文件，按 Ctrl+J 组合键复制"背景"图层。

02 载入阴影选区 按 Ctrl+Alt+2 组合键载入高光选区，再按 Ctrl+Shift+I 组合键反向载入阴影选区。

65

03 提亮阴影选区 按 Ctrl+J 组合键复制阴影选区，设置图层的混合模式为"滤色"，提亮图像中的阴影区域。

04 加深减淡 按 Shift+Ctrl+Alt+E 组合键盖印图层，按 Ctrl+J 组合键复制图层，单击工具栏中的"加深工具"和"减淡工具"按钮，在画面中天空区域涂抹，加深或减淡天空颜色。

05 添加图层蒙版 载入图像阴影选区，按 Ctrl+J 组合键复制阴影选区，设置图层的混合模式为"滤色"。按住 Alt 键的同时单击"图层"面板下方的"添加图层蒙版"按钮添加图层蒙版。单击"画笔工具"按钮，在选项栏中设置画笔的笔触为柔角画笔，设置前景色为白色，在画面中涂抹。

> **Tips** "图层蒙版"可以理解为在当前图层上面覆盖一层玻璃片，这种玻璃片有透明的、半透明的和完全不透明的。然后用各种绘图工具在蒙版上（即玻璃片上）涂色（只能涂黑白灰色），涂黑色的地方蒙版变为透明的，看不见当前图层的图像；涂白色使蒙版变为不透明的，可看到当前图层的图像；涂灰色使蒙版变为半透明的，透明的程度由涂色的灰度深浅决定。这是 Photoshop 中一项十分重要的功能。

06 载入选区 单击工具栏中的"套索工具"按钮,在画面中圈选左侧天空,载入选区。

07 调整天空色调 单击"图层"面板下方的"创建新的填充或调整图层"按钮,在弹出的下拉菜单中选择"曲线"选项,在弹出的"属性"面板中调整曲线,调整左侧天空色调。

08 压暗图像四周 添加"曲线"调整图层,在弹出的"属性"面板中调整曲线。选中"曲线"图层蒙版为其填充黑色,选择白色柔角画笔在画面四周涂抹,压暗图像四周。

09 调整图像色调 添加"色阶"调整图层，在弹出的"属性"面板中设置参数，调整图像色调。选中"色阶"图层蒙版，选择黑色柔角画笔在画面下方涂抹。

10 锐化图像 盖印图层，执行"滤镜＞锐化＞USM锐化"命令，在弹出的"USM锐化"对话框中设置参数，对图像进行锐化。

11 瑕疵修复 盖印图层，单击工具栏中的"修补工具"按钮，在画面中瑕疵位置圈选并载入选区，将选区拖曳至相邻的无瑕疵部位上，完成修复。使用同样的方法修复其他瑕疵。

2.10 改变某一区域的色调

本实例主要介绍制作火山喷发效果。首先利用"曲线"命令对画面中高光区域的色调进行调整；接着利用"可选颜色""曲线""色阶"等命令调整云朵色调并增加层次感；最后锐化山体和湖面完成案例制作。

原始文件：Chapter 02/Media/2-10.jpg　　　　　最终文件：Chapter 02/Complete/2-10.psd

01 打开文件 执行"文件>打开"命令，在弹出的"打开"对话框中打开素材文件，按 Ctrl+J 组合键复制"背景"图层。

02 加深天空颜色 再次复制"背景"图层，单击工具栏中的"加深工具"按钮，在画面中天空区域涂抹，加深天空颜色。

03 载入高光选区 按 Ctrl+Alt+2 组合键载入图像高光选区。

04 调整调光色调 单击"图层"面板下方的"创建新的填充或调整图层"按钮，在弹出的下拉菜单中选择"曲线"选项，在弹出的"属性"面板中调整曲线，调整高光色调。

05 调整图像色调 添加"可选颜色"调整图层，在弹出的"属性"面板中设置参数，调整图像色调。

06 将通道载入选区 单击"图层"面板上方的"通道"按钮,转到"通道"面板中,复制"红"通道,按Ctrl+M组合键,在弹出的"曲线"对话框中调整曲线,单击"确定"按钮。按住Ctrl键的同时单击"红 拷贝"通道缩略图,载入选区。

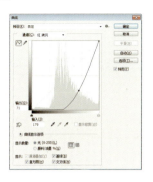

07 调整选区色调 单击选择RGB通道,回到图层中,添加"曲线"调整图层,在弹出的"属性"面板中调整曲线。选中"曲线"图层蒙版,选择黑色柔角画笔,在画面下方山体和湖水区域涂抹,调整选区色调。

08 调整湖面色调 添加"曲线"调整图层,在弹出的"属性"面板中调整曲线。选中"曲线"图层蒙版为其填充黑色,选择白色柔角画笔在画面中湖面区域涂抹,调整湖面色调。

❾ **调整天空色调** 添加"色阶"调整图层，在弹出的"属性"面板中设置参数。选中"色阶"图层蒙版，选择黑色柔角画笔在画面中山体和湖面区域涂抹，调整天空色调。

❿ **继续调整天空色调** 添加"曲线"调整图层，在弹出的"属性"面板中调整曲线。选中"曲线"图层蒙版，选择黑色柔角画笔在画面中山体和湖面区域涂抹，调整天空色调。

⓫ **最终效果** 盖印图层，执行"滤镜>锐化>USM锐化"命令，在弹出的"USM锐化"对话框中设置参数，单击"确定"按钮。单击"图层"面板下方的"添加图层蒙版"按钮，选择黑色柔角画笔，在画面中天空区域涂抹，锐化山体和湖面。

2.11 通过可选颜色控制整体色调

本实例首先通过"色阶"调整图层校正图像色调，再通过"曲线"调整图层配合图层蒙版分别调整图像中各区域的色调，最后通过"可选颜色"调整图层调整图像的色调。

原始文件：Chapter 02/Media/2-11.jpg　　　　　　最终文件：Chapter 02/Complete/2-11.psd

01 打开文件 执行"文件>打开"命令，在弹出的"打开"对话框中打开素材文件，按Ctrl+J组合键复制"背景"图层。

02 调整图像色调 单击"图层"面板下方的"创建新的填充或调整图层"按钮，在弹出的下拉菜单中选择"色阶"选项，在弹出的"属性"面板中设置参数，调整图像色调。

73

03 加深减淡 盖印图层,单击工具栏中的"加深工具"和"减淡工具"按钮,在画面中涂抹,加深或减淡图像颜色。

04 调整湖水色调 添加"曲线"调整图层,在弹出的"属性"面板中调整曲线。选中"曲线"图层蒙版,为其填充黑色,选择白色柔角画笔在画面中湖水区域涂抹,调整湖水色调。

05 通道载入亮部选区 单击"图层"面板上方的"通道"按钮,转到"通道"面板中,复制"红"通道,按 Ctrl+M 组合键,在弹出的"曲线"对话框中调整曲线,单击"确定"按钮。按住 Ctrl 键的同时单击"红 拷贝"通道缩略图,载入选区。

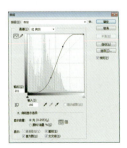

06 调整亮部色调 单击选择"RGB"通道，回到图层中，添加"曲线"调整图层，在弹出的"属性"面板中调整曲线，调整亮部色调，设置图层的不透明度为73%。

07 调整图像色调 添加"黑白"调整图层，在弹出的"属性"面板中设置参数，调整图像色调。

08 调整色相/饱和度 添加"色相/饱和度"调整图层，在弹出的"属性"面板中设置参数，调整图像的色相/饱和度。

09 压暗图像四周 添加"曲线"调整图层，在弹出的"属性"面板中调整曲线。选中"曲线"图层蒙版，选择黑色柔角画笔，降低不透明度，在画面中除四周位置外涂抹，压暗图像四周。

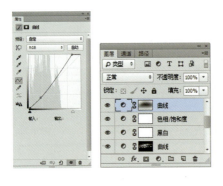

10 调整图像色调 添加"可选颜色"调整图层，在弹出的"属性"面板中设置参数，调整图像色调。

11 最终效果 盖印图层，执行"滤镜>锐化>USM锐化"命令，在弹出的"USM锐化"对话框中设置参数，单击"确定"按钮，锐化图像。

2.12 去掉一个通道

首先通过将"绿"通道复制粘贴到"蓝"通道的方法调整图像色调,再通过"曲线""色相/饱和度"等命令进一步调整图像色调,最后执行"USM 锐化"命令增加图像锐度。

原始文件:Chapter 02/Media/2-12.jpg　　　　最终文件:Chapter 02/Complete/2-12.psd

① **打开文件** 执行"文件>打开"命令，在弹出的"打开"对话框中打开素材文件，按Ctrl+J组合键复制"背景"图层。

② **复制"绿"通道** 再次复制"背景"图层，单击"图层"面板上方的"通道"按钮，转到"通道"面板，按住Ctrl键的同时单击"绿"通道缩略图载入"绿"通道选区，按下Ctrl+C组合键复制选区。

③ **粘贴到"蓝"通道** 单击选中"蓝"通道，按Ctrl+V组合键将"绿"通道选区粘贴到"蓝"通道中。按Ctrl+D组合键取消选区，单击"图层"按钮回到"图层"面板中。

④ **载入"绿"通道选区** 盖印图层，转到"通道"面板中，载入"绿"通道选区，复制选区。

05 粘贴到"蓝"通道 选中"蓝"通道,将"绿"通道选区粘贴到"蓝"通道中,取消选区,回到"图层"面板中,完成调色。

06 调整图像色调 单击"图层"面板下方的"创建新的填充或调整图层"按钮,在弹出的下拉菜单中选择"曲线"选项,在弹出的"属性"面板中调整曲线,调整图像色调。

07 调整色相/饱和度 添加"色相/饱和度"调整图层,在弹出的"属性"面板中设置参数,调整图像的色相/饱和度。

08 调整亮度/对比度 添加"亮度/对比度"调整图层,在弹出的"属性"面板中设置参数,调整图像的亮度/对比度。

09 载入选区 单击工具栏中的"套索工具"按钮,在选项栏中设置羽化值为 200 像素,在画面中圈选载入选区。

10 压暗图像四周 添加"曲线"调整图层,在弹出的"属性"面板中调整曲线,压暗图像四周。

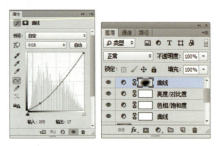

11 锐化图像 盖印图层,执行"滤镜 > 锐化 >USM 锐化"命令,在弹出的"USM 锐化"对话框中设置参数,单击"确定"按钮,增加图像锐度。

2.13 修正逆光

本实例首先通过众多滤色图层提亮图像,找回图像中的细节,再通过添加"色阶""曲线"等调整图层对图像的色调进行调整。

原始文件:Chapter 02/Media/2-13.jpg　　　　最终文件:Chapter 02/Complete/2-13.psd

① **打开文件** 执行"文件＞打开"命令，在弹出的"打开"对话框中打开素材文件，按 Ctrl+J 组合键复制"背景"图层。

② **调整图像色调** 再次复制"背景"图层，设置图层的混合模式为"滤色"，调整图像色调。

③ **调整图像色调** 利用相似的方法，建立更多滤色图层，调整图像色调。

④ **添加图层蒙版** 单击"图层"面板下方的"新建组"命令，更改组名称为滤色，将所有滤色图层拖曳至滤色组内。单击"图层"面板下方的"添加图层蒙版"按钮，选择黑色柔角画笔，调整不透明度，在画面中窗口过亮处涂抹。

05 调整图像构图 盖印图层，按 Ctrl+T 组合键，将图像向左自由变换，按 Enter 键确认，改变图像构图。

06 瑕疵修复 盖印图层，单击工具栏中的"修补工具"按钮，在画面中瑕疵位置圈选并载入选区，将选区拖曳至相邻的无瑕疵部位，完成修复。用同样的方法修复其他瑕疵。

07 调整图像色调 单击"图层"面板下方的"创建新的填充或调整图层"按钮，在弹出的下拉菜单中选择"色阶"选项，在弹出的"属性"面板中设置参数，调整图像色调。

08 载入选区 单击工具栏中的"钢笔工具"按钮，在选项栏中设置工具的模式为路径，在画面中绘制出图像左下方的瓶子的路径，按 Ctrl+Enter 组合键将路径转化为选区。

09 调整瓶子色调 添加"色阶"调整图层，在弹出的"属性"面板中设置参数，调整瓶子色调。

10 调整瓶子的色相/饱和度 添加"色相/饱和度"调整图层，在弹出的"属性"面板中设置参数，将色阶图层蒙版复制到色相/饱和度图层。

11 调整图像色调 添加"曲线"调整图层，在弹出的"属性"面板中调整曲线，调整图像色调。

12 通道载入选区 单击"图层"面板上方的"通道"按钮，转到"通道"面板中，按住 Ctrl 键的同时单击"绿"通道缩略图，载入选区。

⑬ 调整图像色调 添加"曲线"调整图层，在弹出的"属性"面板中调整曲线，调整图像色调。

⑭ 通道载入选区 单击"图层"面板上方的"通道"按钮，转到"通道"面板中，复制"红"通道得到"红 拷贝"通道。按 Ctrl+L 组合键，在弹出的"色阶"对话框中设置参数，单击"确定"按钮。按住 Ctrl 键的同时单击"红 拷贝"通道缩略图，载入选区。

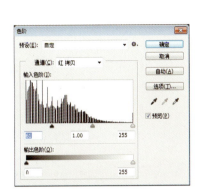
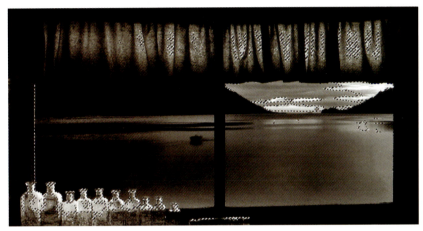

⑮ 调整选区内图像的色调 单击选择 RGB 通道，转到"图层"面板中，添加"曲线"调整图层，在弹出的"属性"面板中调整曲线，调整选区内图像的色调。

85

2.14 增强风景的饱和度

本实例首先通过"色阶"命令校正图像的色调,再通过在通道中载入选区,配合"曲线"命令调整图像的色调,最后添加模糊柔光图层加深图像的颜色,增加对比度。

原始文件:Chapter 02/Media/2-14.jpg　　　　最终文件:Chapter 02/Complete/2-14.psd

01 打开文件 执行"文件>打开"命令,在弹出的"打开"对话框中打开素材文件,按 Ctrl+J 组合键复制"背景"图层。

02 调整图像色调 单击"图层"面板下方的"创建新的填充或调整图层"按钮,在弹出的下拉菜单中选择"色阶"选项,在弹出的"属性"面板中设置参数。选中"色阶"图层蒙版,选择黑色柔角画笔在画面左上方阳光位置涂抹,调整图像色调。

03 通道载入选区 单击"图层"面板上方的"通道"按钮,复制"红"通道得到"红 拷贝"通道。按 Ctrl+L 组合键,在弹出的"色阶"对话框中设置参数,单击"确定"按钮。按住 Ctrl 键的同时单击"红 拷贝"通道缩略图载入选区。选择 RGB 通道,回到"图层"面板中。

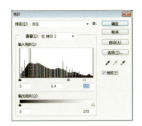

04 调整选区内色调 按 Ctrl+Shift+I 组合键反向选区,添加"曲线"调整图层,在弹出的"属性"面板中调整曲线。设置图层的不透明度为 35%,调整图像的色调。

05 调整图像色调 添加"色阶"调整图层,在弹出的"属性"面板中设置参数。将"曲线"图层蒙版复制到"色阶"图层,选择黑色柔角画笔,降低不透明度,在画面中左下方地面区域涂抹。

06 调整天空和水面的色调 转到"通道"面板，载入"红 拷贝"通道选区。回到"图层"面板中，添加"曲线"调整图层，在弹出的"属性"面板中调整曲线，调整天空和水面的色调。

07 调整阴影选区的色调 按 Ctrl+Alt+2 组合键载入高光选区，再按 Ctrl+Shift+I 组合键将选区反向为阴影选区。添加"曲线"调整图层，在弹出的"属性"面板中调整曲线，设置图层的不透明度为 37%。

08 模糊柔光 盖印图层，执行"滤镜 > 模糊 > 高斯模糊"命令，在弹出的"高斯模糊"对话框中设置参数，单击"确定"按钮。设置图层的混合模式为"柔光"，单击"图层"面板下方的"添加图层蒙版"按钮，选择黑色柔角画笔，在画面中山体和地面过暗区域涂抹。

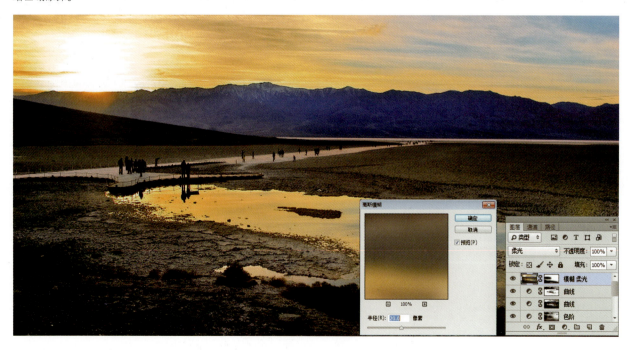

2.15 中性灰调色

本节案例主要介绍制作青海湖日落效果。观察原图可以发现图像色调太过单一，缺乏层次感。首先利用"色彩平衡"调整图层对图像的色调进行调整，然后添加"曲线"调整图层，更进一步地调整图像的色调，最后将画面整体颜色进行加深并调整清晰度即可。

原始文件：Chapter 02/Media/2-15.jpg　　　　最终文件：Chapter 02/Complete/2-15.psd

01 打开文件 执行"文件>打开"命令，或按 Ctrl+O 组合键，打开素材文件 2-15.jpg。将"背景"图层拖曳到"图层"面板下方的"创建新图层"按钮上，新建"背景 复制"图层，如下图所示。

02 调整中间调 单击"图层"面板下方的"创建新的填充或调整图层"按钮,在弹出的下拉菜单中选择"色彩平衡"选项,设置参数,将画面中间调进行调整,效果如右图所示。

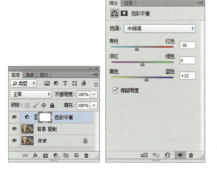

03 调整红色调 继续单击"图层"面板下方的"创建新的填充或调整图层"按钮,在弹出的下拉菜单中选择"色彩平衡"选项,在"颜色"下拉列表中选择红色,设置参数,如下图所示。

04 调整黄色调 继续在"颜色"下拉列表中选择黄色,设置参数,如下图所示。

05 **调整绿色调** 继续在"颜色"下拉列表中选择绿色,设置参数,如下图所示。

06 **调整青色调** 继续在"颜色"下拉列表中选择青色,设置参数,如下图所示。

07 **调整蓝色调** 继续在"颜色"下拉列表中选择蓝色,设置参数,如下图所示。

08 调整洋红色调 继续在"颜色"下拉列表中选择洋红色,设置参数,如下图所示。

09 调整白色调 继续在"颜色"下拉列表中选择白色,设置参数,如下图所示。

10 调整绿色调 单击"图层"面板下方的"创建新的填充或调整图层"按钮,在弹出的下拉菜单中选择"曲线"选项,选择"绿"通道,设置参数,如下图所示。

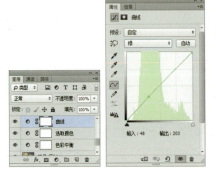

⑪ **调整蓝色调** 继续选择"属性"面板中的"蓝"通道，进行调整，调整后的效果如右图所示。

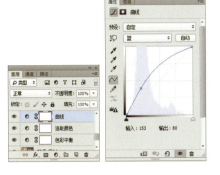

⑫ **隐藏部分曲线效果** 选择"曲线"图层蒙版，按 Ctrl+I 组合键进行反向。利用白色柔角画笔，在海面上进行涂抹，使曲线效果只应用于海面，并设置该图层的不透明度为 83%，效果如右图所示。

⑬ **为山脉添加曲线** 继续添加"曲线"调整图层，设置曲线参数，并将该效果只应用于山脉。

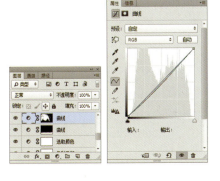

⑭ **为天空添加曲线** 继续添加"曲线"调整图层，设置曲线参数，并将该效果只应用于天空。

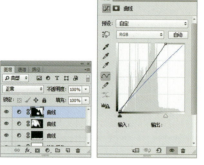

⑮ **增强层次感** 继续添加"曲线"调整图层，设置曲线参数，使画面看起来更加明媚。

⑯ **调整海面色调** 继续添加"曲线"调整图层，设置曲线参数，并将该效果只应用于海面。

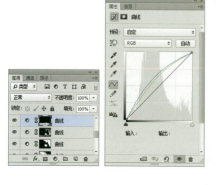

❿ **调整山脉色调** 继续添加"曲线"调整图层，设置曲线参数，调整山脉的色调，效果如右图所示。

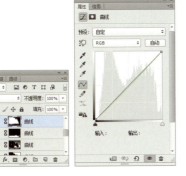

❽ **高斯模糊** 按 Ctrl+Shift+Alt+J 组合键盖印可见图层，将盖印的图层名称修改为"颜色加深"。执行"滤镜 > 模糊 > 高斯模糊"命令，在弹出的"高斯模糊"对话框中设置参数。

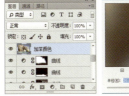

❾ **加深颜色** 选择"加深颜色"图层，在"图层"面板中设置该图层的混合模式为"柔光"，不透明度为 12%，效果如右图所示。

⑳ 调整自然饱和度 添加"自然饱和度"调整图层，设置参数，效果如右图所示。

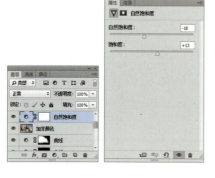

㉑ 锐化图像 按 Ctrl+Shift+Alt+J 组合键盖印可见图层，将盖印的图层名称修改为"锐化"。执行"滤镜 > 锐化 >USM 锐化"命令，在弹出的"USM 锐化"对话框中设置参数。

㉒ 调整不透明度 将"锐化"图层的不透明度调整为 34%，最终效果如右图所示。

2.16 红外调色

本节案例介绍如何制作东北风光。东北是一个较为寒冷的地区，所以色调就需要偏冷。首先利用"色相/饱和度"命令，将图像的饱和度降低，然后利用"色阶""亮度/对比度"命令调整图像的亮度及对比度。继续利用"色相/饱和度"命令，对图像的色调进行调整，最后加深图像整体颜色。

原始文件：Chapter 02/Media/2-16.jpg　　　　最终文件：Chapter 02/Complete/2-16.psd

01 打开文件 执行"文件>打开"命令，或按 Ctrl+O 组合键，打开素材文件 2-16.jpg。拖曳"背景"图层到"图层"面板下方的"创建新图层"按钮上，新建"背景 复制"图层，如下图所示。

02 调整黄色调 单击"图层"面板下方的"创建新的填充或调整图层"按钮，在弹出的下拉菜单中选择"色相/饱和度"选项，选择黄色，设置参数，如下图所示。

03 调整绿色调 继续在"色相/饱和度"面板中选择绿色,设置参数,效果如下图所示。

04 调整青色调 继续在"色相/饱和度"面板中选择青色,设置参数,效果如下图所示。

05 调整色阶 单击"图层"面板下方的"创建新的填充或调整图层"按钮,在弹出的下拉菜单中选择"色阶"选项,设置参数,如下图所示。

06 调整亮度/对比度 继续添加"亮度/对比度"调整图层,在"属性"面板中设置参数,效果如下图所示。

CHAPTER 02　Photoshop整体调色

07 调整色相/饱和度 继续创建"色相/饱和度"调整图层，设置参数，效果如下图所示。

08 调整色阶 单击"图层"面板下方的"创建新的填充或调整图层"按钮，在弹出的下拉菜单中选择"色阶"选项，设置参数，如下图所示。

09 隐藏部分色阶效果 选择"色阶"图层蒙版，利用黑色柔角画笔，在画面上进行涂抹，将部分色阶效果进行隐藏。

10 盖印图层 按 Ctrl+Shift+Alt+J 组合键盖印可见图层，将盖印的图层名称修改为"颜色加深"。

99

⑪ 模糊图像 执行"滤镜>模糊>高斯模糊"命令，在弹出的"高斯模糊"对话框中设置参数。

⑫ 加深颜色 选择"加深颜色"图层，在"图层"面板中设置该图层的混合模式为"柔光"，不透明度为35%，效果如下图所示。

⑬ 压暗图像 添加"曲线"调整图层，设置参数，将图像亮度进行压暗，效果如下图所示。

⑭ 调整色相/饱和度 继续添加"色相/饱和度"调整图层，设置参数，最终效果如下图所示。

2.17 红外偏色调色

本节案例介绍制作雪域森林的效果。首先使用"色相/饱和度"命令，对图像进行去色。然后利用"色阶""亮度/对比度"命令使图像更具有层次感，接下来使用加深工具加深部分图像颜色，使画面更加立体。最后使用"曲线"命令调整图像的色调即可。

原始文件：Chapter 02/Media/2-17.jpg　　　　　最终文件：Chapter 02/Complete/2-17.psd

01 打开文件 执行"文件>打开"命令，或按Ctrl+O组合键，打开素材文件2-17.jpg。拖曳"背景"图层到"图层"面板下方的"创建新图层"按钮上，新建"背景 复制"图层，如下图所示。

02 调整黄色调 单击"图层"面板下方的"创建新的填充或调整图层"按钮，在弹出的下拉菜单中选择"色相/饱和度"选项，选择黄色，设置参数，效果如下图所示。

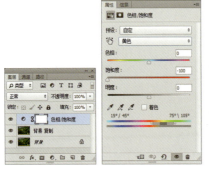

03 调整绿色调 继续选择绿色，设置参数，如下图所示。

04 调整青色调 继续选择青色，设置参数，如下图所示。

CHAPTER 02　Photoshop整体调色

05 调整色阶 单击"图层"面板下方的"创建新的填充或调整图层"按钮，在弹出的下拉菜单中选择"色阶"选项，设置参数，使画面对比度增强。利用黑色柔角画笔，降低画笔的不透明度，在画面的草地上进行涂抹，使色阶效果降低，效果如下图所示。

06 调整亮度/对比度 添加"亮度/对比度"调整图层，设置参数，效果如下图所示。

07 调整色阶 继续添加"色阶"调整图层，设置参数，效果如下图所示。

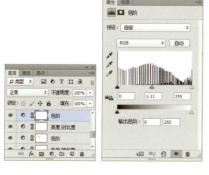

08 加深图像 按 Ctrl+Shift+Alt+J 组合键盖印可见图层，将盖印的图层名称修改为"加深"。单击工具箱中的"加深工具"按钮，在选项栏中设置笔触的大小与曝光度，对图像下方的树进行涂抹，使其颜色加深。

09 添加"黑白"调整图层 添加"黑白"调整图层，设置参数，将画面中带有色彩的图像进行调整，效果如右图所示。

10 调整色阶 继续添加"色阶"调整图层，设置参数。选择"色阶"图层蒙版，利用黑色柔角画笔，在画面上进行涂抹，将部分色阶效果进行隐藏。

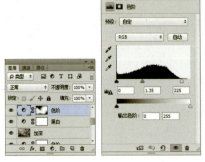

⓫ **压暗地面** 添加"曲线"调整图层，设置曲线参数。选择"曲线"图层蒙版，按 Ctrl+I 组合键进行反向，利用白色柔角画笔在画面中地面部分进行涂抹，使曲线效果只应用于地面。

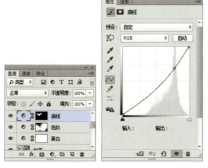

⓬ **房子抠图** 将图层隐藏至"背景 复制"图层，单击工具箱中的"钢笔工具"按钮，对画面中的房子绘制封闭路径。绘制完成后，按 Ctrl+Enter 组合键将路径转换为选区，继续按 Ctrl+J 组合键将选区内的图像复制到一个新的图层中，即"房子"图层。调整图层顺序，将图层进行显示。

⓭ **提亮画面** 添加"曲线"调整图层，设置曲线参数，将画面进行提亮。

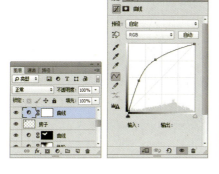

⑭ **创建剪贴蒙版** 选择"曲线"图层,执行"图层 > 创建剪贴蒙版"命令,创建剪贴蒙版,使曲线效果只应用于"房子"图层,效果如右图所示。

⑮ **调整色相 / 饱和度** 添加"色相/饱和度"调整图层,设置参数,并将该效果只应用于"房子"图层。

⑯ **提亮画面** 添加"自然饱和度"图层,设置参数,将自然饱和度降低,并将该效果只应用于"房子"图层。

⓱ **提亮画面** 添加"色彩平衡"调整图层，设置参数，并将该效果只应用于"房子"图层。

⓲ **调整图像整体色调** 添加"曲线"调整图层，设置参数，对图像整体色调进行调整。

⓳ **隐藏部分曲线效果** 选择"曲线"图层蒙版，利用黑色柔角画笔，在画面中的房子与地面处进行涂抹，将曲线效果进行隐藏，最终效果如右图所示。

2.18 转黑白照片

本节案例主要使用"色阶"命令，先提亮图像，然后添加"黑白"调整图层，对图像进行去色。最后使用"渐变映射"命令，使图像的黑白效果更佳、更具有层次感。

原始文件：Chapter 02/Media/2-18.jpg　　　　最终文件：Chapter 02/Complete/2-18.psd

01 打开文件 执行"文件>打开"命令，或按 Ctrl+O 组合键，打开素材文件 6-9-1.jpg。拖曳"背景"图层到"图层"面板下方的"创建新图层"按钮上，新建"背景 复制"图层，如下图所示。

CHAPTER 02　Photoshop整体调色

02 调整色阶 单击"图层"面板下方的"创建新的填充或调整图层"按钮，在弹出的下拉菜单中选择"色阶"选项，设置参数，使画面对比度增强，效果如右图所示。

03 对画面进行去色 添加"黑白"调整图层，设置参数，对画面进行去色，效果如右图所示。

04 调整渐变映射 添加"渐变映射"调整图层，设置参数，效果如右图所示。

109

05 调整图层混合模式 选择"渐变映射"图层，在"图层"面板中设置该图层的混合模式为"柔光"。

06 调整画面不透明度 继续在"图层"面板中将"渐变映射"图层的不透明度调整为40%，效果如右图所示。

07 盖印图层 按 Ctrl+Shift+Alt+E 组合键盖印可见图层，将盖印的图层名称修改为"效果图"，最终效果如右图所示。

2.19　中性灰校正黑白照片

本节案例主要介绍如何制作竹林风光。首先使用可选颜色命令，将图像的色调进行细致的调整。然后添加"曲线"调整图层压暗画面，继续添加"曲线"调整图层对图像色调进行调整。最后添加"黑白"调整图层，对图像进行去色，使图像具有复古的感觉。

原始文件：Chapter 02/Media/2-19.jpg　　　　最终文件：Chapter 02/Complete/2-19.psd

01 打开文件　执行"文件＞打开"命令，或按 Ctrl+O 组合键，打开素材文件 2-19.jpg。拖曳"背景"图层到"图层"面板下方的"创建新图层"按钮上，新建"背景 复制"图层，如下图所示。

02 调整红色调 单击"图层"面板下方的"创建新的填充或调整图层"按钮，在弹出的下拉菜单中选择"可选颜色"选项，在"颜色"下拉列表中选择红色，设置参数，如下图所示。

03 调整黄色调 继续在"颜色"下拉列表中选择黄色，设置参数，如下图所示。

04 调整绿色调 继续在"颜色"下拉列表中选择绿色，设置参数，如下图所示。

05 调整青色调 继续在"颜色"下拉列表中选择青色,设置参数,如下图所示。

06 调整洋红色调 继续在"颜色"下拉列表中选择洋红,设置参数,如下图所示。

07 压暗暗部 添加"曲线"调整图层,在弹出的"属性"面板中调整曲线,效果如右图所示。

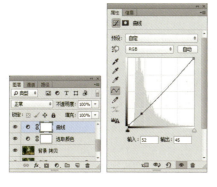

08 调整红色调 在"属性"面板中选择"红"通道,设置参数,如下图所示。

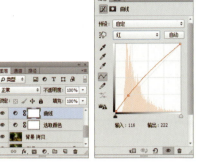

09 调整绿色调 继续在"属性"面板中选择"绿"通道,设置参数,如下图所示。

10 调整蓝色调 继续在"属性"面板中选择"蓝"通道,设置参数,如下图所示。

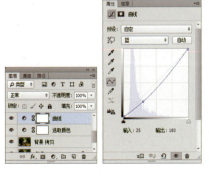

CHAPTER 02　Photoshop整体调色

⓫ **隐藏部分曲线效果** 选择"曲线"图层蒙版，按Ctrl+I组合键进行反向。利用白色柔角画笔在动物身体上进行涂抹，使曲线效果只应用于动物。

⓬ **调整对比度** 盖印可见图层，将盖印的图层名称修改为"加对比"。按Ctrl+M组合键，在弹出的"曲线"对话框中设置曲线参数，单击"确定"按钮。将该图层的不透明度调整为46%，效果如右图所示。

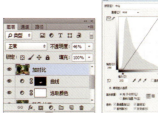 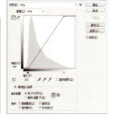

⓭ **调整蓝色调** 继续添加"黑白"调整图层，设置黑白参数，最终效果如右图所示。

115

2.20 冷色色温控制

本实例将暖色调清晨的图片调整为冷色调。通过"色彩平衡""亮度/对比度""可选颜色"等命令将图片色调向冷色调调整。

原始文件：Chapter 02/Media/2-20.jpg　　　最终文件：Chapter 02/Complete/2-20.psd

01 打开文件 执行"文件>打开"命令，在弹出的"打开"对话框中打开素材文件，按 Ctrl+J 组合键复制"背景"图层。

02 调整色彩平衡 添加"色彩平衡"调整图层，在弹出的"属性"面板中设置参数，调整图像的色调。

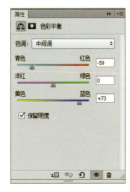

03 **调整亮度/对比度** 添加"亮度/对比度"调整图层,在弹出的"属性"面板中设置参数,调整图像的亮度/对比度。

04 **调整可选颜色** 添加"可选颜色"调整图层,在弹出的"属性"面板中设置红色、黄色、绿色三色的参数。

05 **继续设置参数** 继续在"属性"面板中调整青色、蓝色、洋红三色的参数。

06 继续设置参数 继续在"属性"面板中设置白色、中性色、黑色三色的参数。

07 调整色相/饱和度 添加"色相/饱和度"调整图层,在弹出的"属性"面板中设置参数,调整图像的色相/饱和度。

08 调整图像色调 按 Shift+Ctrl+Alt+E 组合键盖印图层,按 Ctrl+Alt+2 组合键载入图片亮光选区。按 Ctrl+U 组合键,在弹出的"色相/饱和度"对话框中调整图像的色调。

09 调整图像色调 添加"曲线"调整图层，在弹出的"属性"面板中调整曲线，调整图像的色调。

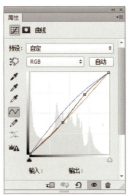

10 滤色 盖印图层，设置图层的混合模式为"滤色"。单击"图层"面板下方的"添加图层蒙版"按钮，选择黑色柔角画笔，在画面中树以外的区域涂抹，设置图层的不透明度为50%。

11 调整可选颜色 添加"可选颜色"调整图层，在弹出的"属性"面板中设置参数，调整图像的色调。

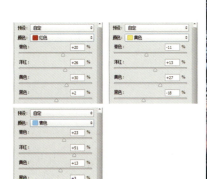

⓬ **调整可选颜色** 继续在弹出的"属性"面板中设置参数，调整图像的色调。

⓭ **调整黑白** 添加"黑白"调整图层，在弹出的"属性"面板中设置参数。选择"黑白"图层蒙版，选择黑色柔角画笔在画面中树区域涂抹，设置图层的混合模式为"柔光"。

⓮ **模糊柔光** 盖印图层，执行"滤镜＞模糊＞高斯模糊"命令，在弹出的"高斯模糊"对话框中设置参数，单击"确定"按钮。设置图层的混合模式为"柔光"，不透明度为20%。

CHAPTER 03

Photoshop 局部调色

本章学习使用Photoshop进行画面的局部调色，读者首先要搞清楚利用选区和通道对局部颜色进行调色的用法，其次是如何进行调色，有哪些常用的局部调色方法。

3.1 如何进行选区控制

在Photoshop中编辑部分图像时，首先要选择指定编辑的图像，即创建选区，之后才能对其进行各种编辑。在选取图像时，可根据图像的具体形状应用不同的选择工具，也可结合多重选区工具应用。例如，矩形选框工具可以绘制矩形选区和正方形选区，椭圆选框工具可以绘制椭圆选区和正圆选区，而套索工具等可以绘制任意选区。

3.1.1 选择工具

选区主要有两大用途：

（1）选区可以将编辑限定在一定的区域内，这样就可以处理局部图像而不会影响其他内容。如果没有创建选区，则会修改整张照片，如下图所示。

原图　　　　　　创建选区　　　　　　调整选区内的图像　　　　　未选择选区，调整整个图像

（2）选区可以分离图像。例如，如果要为鸟儿更换一个背景，就必须将其设定为选区之后，再将其从背景中分离出来，置入新的背景中，如下图所示。

原图　　　　　　创建选区　　　　　　新的背景图像　　　　　为大鸟更换背景

如果要对图片进行操作，首先必须对图片进行选择，只有选择了合适的操作范围，对选择的选区进行编辑，才能得到想要的结果。下面来简单学习Photoshop提供的选择工具。

几何选框工具：用于设置矩形或圆形选区。	矩形选框工具　M 椭圆选框工具　M 单行选框工具 单列选框工具	**矩形选择工具**：快捷键为M **椭圆选框工具**：快捷键为M
不规则选框工具：用于设置曲线、多边形或不规则形态的选区。	套索工具　　　　L 多边形套索工具　L 磁性套索工具　　L	**套索工具**：快捷键为L **多边形套索工具**：快捷键为L **磁性套索工具**：快捷键为L
快速选择工具：用于将颜色值相近的区域指定为选区。	快速选择工具　V 魔棒工具　　　V	**快速选择工具**：快捷键为W **魔棒工具**：快捷键为W

3.1.2 选择通道的方法

颜色通道就像是摄影胶片，记录了图像内容和颜色信息。图像的颜色模式不同，颜色通道的数量也不相同。RGB图像包含红、绿、蓝和一个用于编辑图像内容的复合通道；CMYK图像包含青色、洋红、黄色、黑色和一个复合通道；Lab图像包含明度、a、b和一个复合通道。位图、灰度、双色调和索引颜色的图像只有一个通道。

RGB图像通道

CMYK图像通道

Lab图像通道

多通道

单击"通道"面板中的一个通道即可选择该通道，文档窗口中会显示所选通道的灰度图像；按住Shift键单击其他通道，可以选择多个通道，此时窗口中会显示所选颜色通道的复合信息；通道名称的左侧显示了通道内容的缩览图，在编辑通道时缩览图会自动更新，如图1、图2所示。

单击RGB复合通道可以重新显示其他颜色通道，如图3所示，此时可同时预览和编辑所有颜色通道。

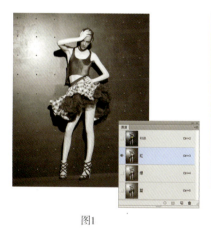
图1

图2

图3

1）重命名通道

双击"通道"面板中一个通道的名称，在显示的文本输入框中可以为它输入新的名称，但复合通道和颜色通道不能重命名。

2）复制和删除通道

将一个通道拖曳到"通道"面板中的"创建新通道"按钮上，可以复制该通道；在"通道"面板中选择需要删除的通道，单击"删除当前通道"按钮，可将其删除，也可以直接将通道拖曳到该按钮上进行删除。

复合通道不能被复制，也不能删除。颜色通道可以复制，但如果被删除，图像就会自动转换为多通道模式。

3）同时显示Alpha通道和图像

编辑Alpha通道时，文档窗口中只显示通道中的图像，这使得某些操作，如描绘图像边缘时会因为看不到彩色图像而不够准确。遇到这种问题，可在复合通道前单击，显示眼睛图标，Photoshop会显示图像并以一种颜色替代Alpha通道的灰度图像，这种效果就类似于在快速蒙版状态下编辑选区。

3.1.3 变换季节——色彩选择调色

本实例是一个变换季节的案例。首先通过"曲线""可选颜色"等命令调整图片中麦场的色调，然后通过类似的方法对树木和天空的颜色分别调整，最后利用中灰图层塑造光影。

原始文件：Chapter 03/Media/3-1-3.jpg　　　最终文件：Chapter 03/Complete/3-1-3.psd

01 打开文件 执行"文件 > 打开"命令，在弹出的"打开"对话框中打开素材文件，按 Ctrl+J 组合键复制"背景"图层。

02 加深或减淡画面颜色 再次复制"背景"图层，单击工具栏中的"加深工具"和"减淡工具"，在画面中涂抹，加深或减淡画面颜色。

03 调整树木色调 添加"曲线"调整图层，在弹出的"属性"面板中调整曲线。选中"曲线"图层蒙版为其填充黑色，选择白色柔角画笔在画面中树木区域涂抹，调整树木色调。

04 调整图像色调 添加"曲线"调整图层，在弹出的"属性"面板中调整曲线，调整图像的色调。

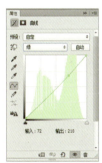

05 调整可选颜色 添加"可选颜色"调整图层，在弹出的"属性"面板中设置参数。选中"可选颜色"图层蒙版为其填充黑色，选择白色柔角画笔在画面中左侧树木下方区域涂抹。

06 模糊柔光 盖印图层，执行"滤镜>模糊>高斯模糊"命令，在弹出的"高斯模糊"对话框中设置参数。设置图层的混合模式为"柔光"，不透明度为27%。

07 调整渐变映射 添加"渐变映射"调整图层，在弹出的"渐变映射"面板中设置渐变色。选中"渐变映射"图层蒙版，为其填充黑色，选择白色柔角画笔在画面中麦场区域涂抹，设置图层的混合模式为"柔光"。

08 通道调色 盖印图层，复制盖印图层。单击"图层"面板上方的"通道"按钮，转到"通道"面板中。按住Ctrl键的同时单击"红"通道缩略图，载入"红"通道选区，按下Ctrl+C组合键复制选区内的内容，选择"蓝"通道按Ctrl+V组合键粘贴选区。取消选区，选择RGB通道，返回到"图层"面板中。

09 **添加图层蒙版** 单击"图层"面板下方的"添加图层蒙版"按钮,添加图层蒙版。选择黑色柔角画笔,在画面中天空区域涂抹,显示出天空的原本颜色。

10 **调整色相/饱和度** 添加"色相/饱和度"调整图层,在弹出的"属性"面板中设置参数。选中"色相/饱和度"图层蒙版,选择黑色柔角画笔在画面中天空和树木区域涂抹,调整麦场的色相/饱和度。

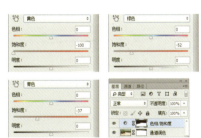

11 **调整色相/饱和度** 继续添加"色相/饱和度"调整图层,在弹出的"属性"面板中设置参数,按住 Alt 键复制上一图层的蒙版。

⓬ **调整麦场色调** 添加"曲线"调整图层，在弹出的"属性"面板中调整曲线。按住 Alt 键复制上一图层的蒙版，调整麦场色调。

⓭ **调整色相/饱和度** 添加"色相/饱和度"调整图层，在弹出的"属性"面板中设置参数。按住 Alt 键复制上一图层的蒙版，设置不透明度为 78%。

⓮ **调整树木色调** 盖印图层，将盖印图层复制两次，将得到的复制图层的混合模式都设置为滤色。新建组，将两个复制图层拖曳至组内，为组添加反向蒙版，选择白色柔角画笔在画面中树木区域涂抹。

⑮ 调整树木色调 添加"曲线"调整图层，在弹出的"属性"面板中调整曲线。选中"曲线"图层蒙版为其填充黑色，选择白色柔角画笔在画面中树木区域涂抹，调整树木色调。

⑯ 加深减淡 盖印图层，单击工具栏中的"减淡工具"按钮，在画面中树木四周涂抹，减淡树木四周颜色。单击工具栏中的"加深工具"按钮，在画面中麦场区域涂抹，加深麦场颜色。

⑰ 调整树木色调 添加"可选颜色"调整图层，在弹出的"属性"面板中设置参数。选中"可选颜色"图层蒙版为其填充黑色，选择白色柔角画笔在画面中树木区域涂抹，调整树木色调。

⑱ **调整色相/饱和度** 添加"色相/饱和度"调整图层,在弹出的"属性"面板中设置参数,调整图像的色相/饱和度。

⑲ **调整天空色调** 添加"曲线"调整图层,在弹出的"属性"面板中调整曲线。选中"曲线"图层蒙版,为其填充黑色,选择白色柔角画笔在画面中天空区域涂抹,调整天空色调。

⑳ **最终效果** 盖印图层。新建图层并填充中灰色(R:128,G:128,B:128),设置图层的混合模式为"柔光",选择黑色柔角画笔和白色柔角画笔在画面中涂抹,塑造光影。

3.1.4 变换森林局部色彩——局部调色

本节案例主要介绍局部调色。首先将通道作为选区载入,然后添加调整图层,将图像上的树木与花朵颜色进行改变。

原始文件:Chapter 03/Media/3-1-4.jpg　　　　最终文件:Chapter 03/Complete/3-1-4.psd

01 打开文件 执行"文件>打开"命令,或按 Ctrl+O 组合键,打开素材文件 3-1-4.jpg。拖曳"背景"图层到"图层"面板下方的"创建新图层"按钮上,新建"背景 复制"图层,如下图所示。

02 调整 "红" 通道 在 "通道" 面板中选择 "红" 通道，并对其进行复制。选择复制的 "红 拷贝" 通道，按 Ctrl+L 组合键，在弹出的 "色阶" 对话框中设置色阶参数。

03 调整红色调 按住 Ctrl 键单击 "红 拷贝" 通道的缩览图，为其创建选区。回到 "图层" 面板，单击 "图层" 面板下方的 "创建新的填充或调整图层" 按钮，在弹出的下拉菜单中选择 "色相/饱和度" 选项，调整红色的参数，如下图所示。

04 调整画面中部分小草的色调 使用上述同样的方法对 "绿" 通道进行复制，调整色阶载入选区。添加 "色相/饱和度" 调整图层，设置参数，调整小草的色调。

 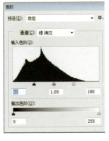

05 调整树的色调 使用上述同样的方法再次对"绿"通道进行复制，调整色阶载入选区。添加"色相/饱和度"调整图层，设置参数，调整树的色调。

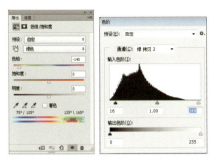

06 调整红色调 单击"图层"面板下方的"创建新的填充或调整图层"按钮，在弹出的下拉菜单中选择"可选颜色"选项，在"颜色"下拉列表中选择红色，设置参数，如下图所示。

07 调整黄色调 继续在"颜色"下拉列表中选择黄色，设置参数，如下图所示。

⑧ **调整绿色调** 继续在"颜色"下拉列表中选择绿色,设置参数,如下图所示。

⑨ **调整画面色调** 使用上述同样的方法对"蓝"通道进行复制,调整色阶载入选区。添加"曲线"调整图层,设置参数,调整画面色调。

⑩ **调整画面色调** 使用上述同样的方法再次对"绿"通道进行复制,调整色阶载入选区。添加"曲线"调整图层,设置参数,调整画面色调。

⓫ **提亮画面** 继续添加"曲线"调整图层，设置曲线参数，将画面进行提亮。

⓬ **亮部提亮** 按 Ctrl+Alt+2 组合键为亮部创建选区，单击"图层"面板下方的"创建新的填充或调整图层"按钮，在弹出的下拉菜单中选择"曲线"选项，设置参数，将亮部提亮。

⓭ **暗部压暗** 按 Ctrl+Alt+2 组合键为亮部创建选区，继续按 Ctrl+Shift+I 组合键进行反选，为其添加"曲线"调整图层，设置曲线参数，将暗部压暗，最终效果如右图所示。

3.1.5 水上动物——羽化工具的使用

观察原图可以发现，图像上有部分树干将动物的身体遮挡住了，下面使用仿制图章工具将图像上不需要的地方进行修整。使用"可选颜色"命令对图像色调进行调整，然后为暗部创建选区，将图像暗部区域进行提亮，最后将图像颜色进行加深。

原始文件：Chapter 03/Media/3-1-5.jpg　　　　最终文件：Chapter 03/Complete/3-1-5.psd

01 打开文件 执行"文件>打开"命令，或按 Ctrl+O 组合键，打开素材文件 3-1-5.jpg。拖曳"背景"图层到"图层"面板下方的"创建新图层"按钮上，新建"背景 复制"图层，如下图所示。

02 瑕疵修整 将复制的"背景"图层名称修改为"瑕疵修整",单击工具箱中的"仿制图章工具"按钮 ,按住 Alt 键选取完好的图像,松开 Alt 键对图像上的树木进行修整。重复上述步骤将其他遮挡住动物的树木进行修整。

03 瑕疵修整 将"瑕疵修整"图层进行复制,继续使用"仿制图章工具",对图像上的瑕疵进行更进一步的修整,效果如右图所示。

04 调整青色调 单击"图层"面板下方的"创建新的填充或调整图层"按钮 ,在弹出的下拉菜单中选择"可选颜色"选项,在"颜色"下拉列表中选择青色,设置参数,如下图所示。

05 调整蓝色调 继续在"颜色"下拉列表中选择蓝色,设置参数,如下图所示。

06 调整不透明度 在"图层"面板中,将该"选取颜色"图层的不透明度调整为76%。

07 调整画面曲线 单击"图层"面板下方的"创建新的填充或调整图层"按钮,在弹出的下拉菜单中选择"曲线"选项,设置参数,如下图所示。

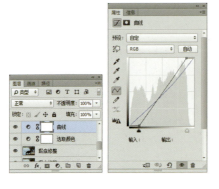

08 隐藏部分曲线效果 选择"曲线"图层蒙版,利用黑色柔角画笔,在动物身上进行涂抹,使曲线效果隐藏。

09 调整湖面青色调 继续添加"可选颜色"调整图层,在"颜色"下拉列表中选择青色,设置参数,对湖面色调进行调整。

10 调整湖面蓝色调 继续在"颜色"下拉列表中选择蓝色,设置参数,对湖面色调进行调整。

⑪ **提亮与压暗画面** 继续添加"曲线"调整图层，设置曲线参数，将画面进行提亮与部分压暗，效果如右图所示。

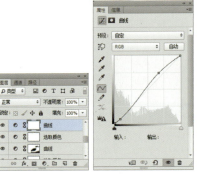

⑫ **提亮暗部** 盖印可见图层，按 Ctrl+Alt+2 组合键对亮部进行选择，继续按 Ctrl+Shift+I 组合键反向选区，再按 Shfit+F6 组合键在弹出的"羽化选区"对话框中设置羽化参数，单击"确定"按钮。按 Ctrl+J 组合键将选区内的图像复制到一个新的图层里，即"暗部提亮"，将该图层的混合模式调整为"滤色"。

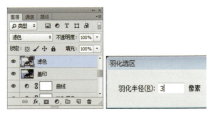

⑬ **隐藏部分暗部提亮效果** 选择"暗部提亮"图层，按住 Alt 键单击"图层"面板下方的"添加图层蒙版"按钮 ，为其添加一个反向蒙版，利用白色柔角画笔在动物身上进行涂抹，将提亮效果进行隐藏。

⑭ **瑕疵修整** 继续盖印可见图层，将盖印的图层名称修改为"瑕疵修整"，利用"仿制图章工具"对图像上的瑕疵进行修整。

⑮ **加深颜色** 继续盖印可见图层，将盖印的图层名称修改为"加深颜色"，在"图层"面板中将该图层的混合模式修改为"柔光"。

⑯ **调整不透明度** 在"图层"面板中将"加深颜色"图层的不透明度调整为30%，效果如右图所示。

⓱ **降低自然饱和度** 添加"自然饱和度"调整图层,设置参数,降低图像的自然饱和度。

⓲ **锐化图像** 继续盖印可见图层,将盖印的图层名称修改为"锐化"。执行"滤镜 > 锐化 >USM 锐化"命令,在弹出的"USM 锐化"对话框中设置锐化参数,效果如右图所示。

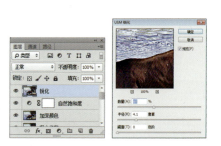

⓳ **调整不透明度** 在"图层"面板中将"锐化"图层的不透明度调整为 30%,最终效果如右图所示。

3.1.6 教堂风光——多边形套索工具的使用

本实例主要介绍利用多边形套索工具调整图像，主要运用多边形套索工具分别载入各个区域选区，通过配合"曲线"命令调整图像各个区域的色调。

原始文件：Chapter 03/Media/3-1-6.jpg　　　　最终文件：Chapter 03/Complete/3-1-6.psd

01 打开文件 执行"文件>打开"命令，在弹出的"打开"对话框中打开素材文件，按 Ctrl+J 组合键复制"背景"图层。

02 载入选区 单击工具栏中的"多边形套索工具"按钮，在画面中沿着房子绘制，载入选区。

03 调整选区色调 单击"图层"面板下方的"创建新的填充或调整图层"按钮,在弹出的下拉菜单中选择"曲线"选项,在弹出的"属性"面板中调整曲线,调整选区内的色调。

04 载入选区 单击"多边形套索工具"按钮,在画面中绘制屋顶区域,载入选区。

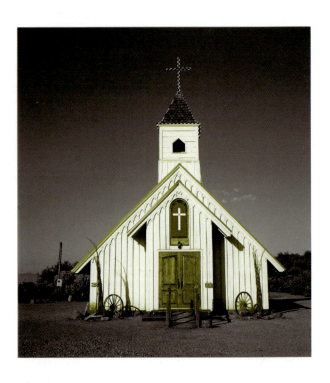

05 调整选区色调 单击"图层"面板下方的"创建新的填充或调整图层"按钮,在弹出的下拉菜单中选择"曲线"选项,在弹出的"属性"面板中调整曲线,调整选区内的色调。

06 更多效果 利用同样的方法,为画面中其他区域上色,效果如下图所示。

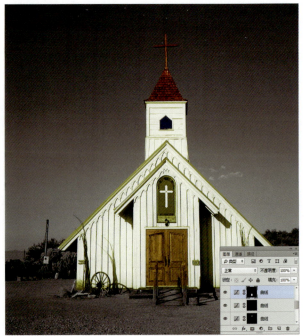

07 载入高光选区 按 Ctrl+Alt+2 组合键载入图像高光选区。

08 添加曲线 添加"曲线"调整图层，在弹出的"属性"面板中调整曲线，调整高光选区内的色调。

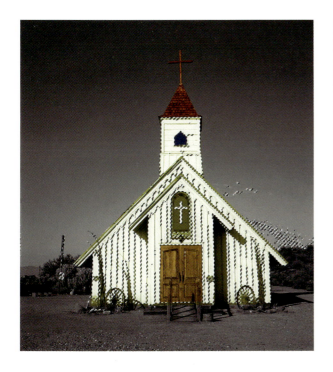

09 通道载入选区 单击"图层"面板上方的"通道"按钮，转到"通道"面板中，复制"蓝"通道，按 Ctrl+L 组合键，在弹出的"色阶"面板中设置参数，单击"确定"按钮。按住 Ctrl 键的同时单击"蓝 拷贝"通道缩略图，载入选区。

10 曲线调整色调 回到"图层"面板中，添加"曲线"调整图层，在弹出的"属性"面板中调整曲线，调整选区内色调。

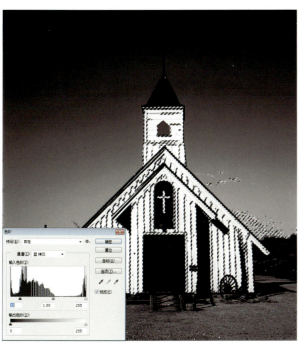

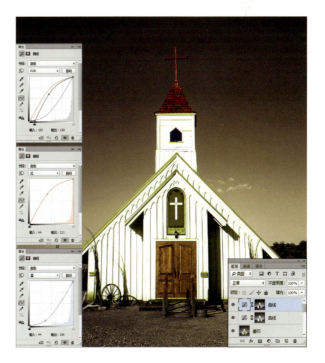

3.2 用蒙版工具打造超级风光大片

蒙版,就是蒙在上面的一块板,保护某一部分不被操作,从而使用户更精准地抠图,得到更真实的边缘和效果。使用蒙版,可以将Photoshop的功能发挥到极致,并且可以在不改变图层中原有图像的基础上制作出各种特殊的效果。应用蒙版可以使这些更改永久生效,或者删除蒙版而不应用更改。

3.2.1 不可不学的技术——蒙版

蒙版是用于合成图像的重要功能,可以隐藏图像内容,但不会将其删除,因此,用蒙版处理图像是一种非破坏性的编辑方式。蒙版合成图像的精彩案例如下。

Photoshop提供了三种蒙版:图层蒙版、剪贴蒙版和矢量蒙版(这里修风景照片只学习图层蒙版)。图层蒙版通过蒙版中的灰度信息来控制图像的显示区域;剪贴蒙版通过一个对象的形状来控制其他图层的显示区域;矢量蒙版则通过路径和矢量形状控制图像的显示区域。

"属性"面板用于调整所选图层中的图层蒙版和矢量蒙版的不透明度和羽化范围,如右图所示。

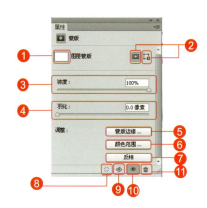

❶ 当前选择的蒙版:显示了在"图层"面板中选择的蒙版的类型,如下图所示,此时可在"属性"面板中对其进行编辑。

❷ 添加像素蒙版/添加矢量蒙版:单击 ▢ 按钮,可为当前图层添加图层蒙版;单击 ▢ 按钮则添加矢量蒙版。
❸ 浓度:拖动滑块可以控制蒙版的不透明度及蒙版的遮盖强度。
❹ 羽化:拖动滑块可以柔化蒙版的边缘,如下图所示。

❺蒙版边缘：单击该按钮，可以打开"调整蒙版"对话框修改蒙版边缘，并针对不同的背景查看蒙版。这些操作与调整选区边缘基本相同，如下图所示。

❻颜色范围：单击该按钮，可以打开"色彩范围"对话框，通过在图像中取样并调整颜色容差可修改蒙版范围，如下图所示。

❼反相：可反转蒙版的遮盖区域。
❽从蒙版中载入选区：单击该按钮，可以载入蒙版中包含的选区，如下图所示。
❾应用蒙版：单击该按钮，可以将蒙版应用到图像中，同时删除被蒙版遮盖的图像。

❿ 停用/启用蒙版：单击该按钮，或按住Shift键单击蒙版的缩略图，可以停用（或者重新启用）蒙版。停用蒙版时，蒙版缩览图上会出现一个红色的叉号，如下图所示。

⓫ 删除蒙版：单击该按钮，将所选图层中的蒙版删除。

3.2.2　图层蒙版的原理

图层蒙版主要应用于合成图像。此外，创建调整图层、填充图层或者应用智能滤镜时，Photoshop也会自动为其添加图层蒙版，因此，图层蒙版可以控制颜色调整和滤镜范围。

图层蒙版是与文档具有相同分辨率的256级色阶灰度图像。蒙版中的纯白色区域可以遮盖下面图层中的内容，只显示当前图层中的图像；蒙版中的纯黑色区域可以遮盖当前图层中的图像，显示出下面图层中的内容；蒙版中的灰色区域会根据其灰度值使当前图层中的图像呈现出不同层次的透明效果。

基于上述原理，如果要隐藏当前图层中的图像，可以使用黑色涂抹蒙版；如果要显示当前图层中的图像，可以使用白色涂抹蒙版；如果要使当前图层中的图像呈现半透明效果，则使用灰色涂抹蒙版，或者在蒙版中填充渐变色，如下图所示。

3.2.3 古镇风光——蒙版局部调色

本实例主要运用蒙版和"曲线""色彩平衡""色相/饱和度"等调整图层配合调色。

原始文件：Chapter 03/Media/3-2-3.jpg

最终文件：Chapter 03/Complete/3-2-3.psd

01 **打开文件** 执行"文件>打开"命令，在弹出的"打开"对话框中打开素材文件。

❷ **复制图层** 按 Ctrl+J 组合键复制"背景"图层，得到"背景 复制"图层。

❸ **载入阴影选区** 按 Ctrl+Alt+2 组合键载入图片高光选区，再按 Ctrl+Shift+I 组合键反向载入图片阴影选区。

❹ **添加图层蒙版** 按 Ctrl+J 组合键复制图片阴影选区，设置图层的混合模式为"滤色"，单击"图层"面板下方的"添加图层蒙版"按钮，添加图层蒙版。选择黑色柔角画笔工具在画面中天空区域涂抹。

05 调整图片色调 盖印图层，单击"图层"面板下方的"创建新的填充或调整图层"按钮，在弹出的下拉菜单中选择"曲线"选项，在弹出的"属性"面板中调整曲线，调整图片色调。

06 载入高光选区 按 Ctrl+Alt+2 组合键载入图片高光选区。

07 调整高光区域色调 添加"曲线"调整图层，在弹出的"属性"面板中调整曲线，调整图片中高光区域的色调。

08 调整天空色调 添加"色彩平衡"调整图层,在弹出的"属性"面板中设置参数。选中"色彩平衡"图层蒙版,为其填充黑色,选择白色柔角画笔在画面右侧云下方天空处涂抹,调整天空色调。

09 调整云朵色调 添加"曲线"调整图层,在弹出的"属性"面板中设置参数。选中"曲线"图层蒙版,为其填充黑色,选择白色柔角画笔在画面中云朵处涂抹,调整云朵色调。

10 继续调整云朵色调 添加"色相/饱和度"调整图层,在弹出的"属性"面板中设置参数。选中"色相/饱和度"图层蒙版,为其填充黑色,选择白色柔角画笔在画面中云朵处涂抹,调整云朵色调。

3.2.4 伦敦桥——蒙版变换局部曝光

本实例主要利用"色阶"命令使曝光区域更加清晰，通过载入曝光区域选区，再对曝光选区加色，最后利用蒙版使加色更加自然。

原始文件：Chapter 073/Media/3-2-4.jpg　　　　最终文件：Chapter 03/Complete/3-2-4.psd

01 打开文件 执行"文件>打开"命令，在弹出的"打开"对话框中打开素材文件，按 Ctrl+J 组合键复制"背景"图层。

02 调整亮度/对比度 单击"图层"面板下方的"创建新的填充或调整图层"按钮,在弹出的下拉菜单中选择"亮度/对比度"选项,在弹出的"属性"面板中设置参数,调整图像的亮度/对比度。

03 通道载入选区 盖印图层,单击"图层"面板上方的"通道"按钮,转到"通道"面板中,复制"红"通道,按 Ctrl+L 组合键,在弹出的"色阶"对话框中调整参数,单击"确定"按钮。按住 Ctrl 键的同时单击"红 拷贝"通道缩略图载入选区。

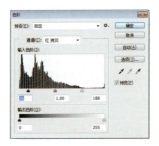

04 加色 回到"图层"面板中,新建图层,单击工具栏中的"画笔工具"按钮,设置前景色为黄色(R: 196,G: 111,B: 20),在画面中涂抹上色,按 Ctrl+D 组合键取消选区,设置图层的混合模式为"颜色"。

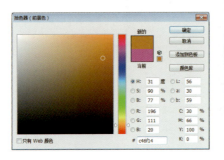

05 添加图层蒙版 单击"图层"面板下方的"添加图层蒙版"按钮,添加图层蒙版。选择黑色柔角画笔工具在画面中不需要上色的部分涂抹,隐藏颜色。

06 调整天空色调 添加"曲线"调整图层,在弹出的"属性"面板中调整曲线。选择"曲线"图层蒙版,选择黑色柔角画笔,调整画笔不透明度,在画面中调色过度处涂抹。

07 模糊柔光 盖印图层,执行"滤镜>模糊>高斯模糊"命令,在弹出的"高斯模糊"对话框中设置参数,单击"确定"按钮。设置图层的混合模式为"柔光",不透明度值为25%。

3.2.5 海岸风光——蒙版控制局部色温

本节案例主要介绍如何制作海岸风光。首先利用"曲线"调整图层,提亮图像与调整色调,然后添加"选取颜色"图层,对图像中的红色、青色、蓝色进行微调。继续添加"曲线"调整图层,结合图层蒙版,对图像局部色调进行调整。最后提亮图像即可。

原始文件:Chapter 03/Media/3-2-5.jpg 最终文件:Chapter 03/Complete/3-2-5.psd

01 打开文件 执行"文件>打开"命令,或按 Ctrl+O 组合键,打开素材文件 3-2-5.jpg。拖曳"背景"图层到"图层"面板下方的"创建新图层"按钮上,新建"背景 复制"图层,如下图所示。

❷ 压暗画面 单击"图层"面板下方的"创建新的填充或调整图层"按钮，在弹出的下拉菜单中选择"曲线"选项，设置参数，将图像压暗。

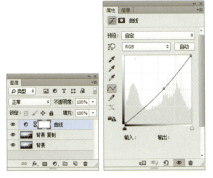

❸ 调整红色调 在"属性"面板中选择"红"通道，设置参数，对图像色调进行调整。

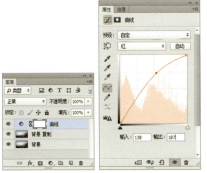

❹ 调整红色调 单击"图层"面板下方的"创建新的填充或调整图层"按钮，在弹出的下拉菜单中选择"可选颜色"选项，在"颜色"下拉列表中选择红色，设置参数，如下图所示。

05 调整青色调 继续在"颜色"下拉列表中选择青色,设置参数,如下图所示。

06 调整蓝色调 继续在"颜色"下拉列表中选择蓝色,设置参数,如下图所示。

07 调整"绿"通道 在"通道"面板中选择"绿"通道,对"绿"通道进行复制。选择复制的"绿 拷贝"通道,按 **Ctrl+L** 组合键,在弹出的"色阶"对话框中设置色阶参数。

 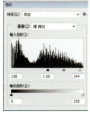

158

CHAPTER 03　Photoshop局部调色

08 调整色调 按住 Ctrl 键单击"绿 拷贝"通道的缩览图，为其创建选区。回到"图层"面板，单击"图层"面板下方的"创建新的填充或调整图层"按钮 ⊘，设置曲线参数，如下图所示。

09 压暗画面 继续添加"曲线"调整图层，设置曲线参数，将图像压暗。选择"曲线"图层蒙版，单击工具箱中的"椭圆选框工具"按钮，在画面上绘制椭圆选框。按 Shift+F6 组合键，在弹出的"羽化"对话框中设置羽化参数，将选区虚化，为其填充黑色，按 Ctrl+D 组合键取消选区，效果如右图所示。

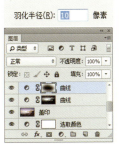 

10 锐化 盖印可见图层，将盖印的图层名称修改为"锐化"。执行"滤镜 > 锐化 > USM 锐化"命令，在弹出的"锐化"对话框中设置参数，效果如右图所示。

❶❶ **暗部提亮** 按 Ctrl+Alt+2 组合键为亮部创建选区，继续按 Ctrl+Shift+I 组合键反向选区，继续按 Ctrl+J 组合键将选区内的图像复制到一个新的图层里，即"暗部提亮"图层，将该图层的混合模式调整为"滤色"。

❶❷ **显示部分提亮效果** 按住 Alt 键单击"图层"面板下方的"添加图层蒙版"按钮，为其添加一个反向蒙版，利用白色柔角画笔在画面上进行涂抹，显示部分提亮效果。

❶❸ **最终效果** 继续添加"曲线"调整图层，设置曲线参数，使图像更具有层次感，最终效果如右图所示。

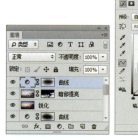

CHAPTER 04

日出日落摄影后期

　　日出日落题材深受很多摄影爱好者的钟爱，但是天地之间的高反差让人头疼！当然拍摄方法和后期处理的方法也很多。这里用案例的形式介绍几种适合初学者使用的方法。注意，拍摄的时候以天空部分为测光点，由于数码照片的宽容度较窄，一旦过曝就很难找回细节。另外，尽量拍摄RAW格式的照片，这样可以最大限度地支持后期处理。

4.1 拍摄技巧链接

1. 怎样拍出暖色调的落日

日落时分色温较低，再加上晚霞橘红色的光芒，拍摄的照片本身比较偏向暖色调。而如果想要着重表达落日温暖柔和的光芒所衬托出的温馨的气氛，则需要加强暖色调的强度，而利用相机的自动设置拍摄的照片色调可能无法达到要求。这里有一个很实用的技巧可以供读者参考，根据自己相机的品牌和型号进行设置。以尼康相机为例，在相机白平衡模式里选择"日光"模式，按下右边箭头的按钮，屏幕就会进入微调状态，调整到-3后点击完成。这样的白平衡设置拍出的日落将会显得更加温暖，完成拍摄后应关闭白平衡设置。

⬆ 24mm F11 1/400s ISO100
暖黄色的色调更能体现出傍晚的感觉

2. 日出日落是最佳拍摄时间

太阳东升西落最好的黄金时刻是太阳处于地平线附近前后20分钟左右的时间。这个时间段，人眼观察太阳时不会感到刺眼，此时拍摄是最理想的时刻。如果太阳完全跳出来，阳光过强就会形成光晕，会影响拍摄的效果。为了抓住这一时间，很多摄影爱好者不怕辛苦，早早地来到拍摄地点，准备好拍摄前的工作，等待它的出现。这一时刻是短暂的，所以要多拍摄，而且要选择不同的曝光量进行拍摄，变换太阳在画面中的位置，改变不同的构图。

⬆ 45mm F11 1/125s ISO100
逆光下测光，切记相机不要对准太阳的位置

3. 正确选择测光点拍日出日落

日出日落只有很短的时间供你拍摄，所以一定要提前做好拍摄准备。摄影师一般会把太阳直接拍进画面，这时由于太阳的强光会影响相机测光，拍摄出来的照片多数都会曝光不足。拍摄夕阳和朝霞时，应当在太阳边缘或发亮的云彩周围进行测光，然后按相机的曝光锁定按钮后再来取景拍摄。这种测光方法可获得较丰富的层次和较好的色彩饱和度。

➡ 35mm F8 1/500s ISO100
选择天空为测光点进行曝光

CHAPTER 04　日出日落摄影后期

4.2　罗马郊外的清晨

拍摄背景

十月中旬是意大利的旅游旺季，我们清晨四点钟到达罗马郊外，这时还看不出罗马城的全貌，只能在日出前感受到一丝清晨的凉意。大家都对即将参观、向往已久的古罗马建筑充满兴奋之情。由于旅店还没有联系好，所以在大家下车休息的空闲刚好拿出相机拍摄罗马日出前的光影。此时因为时间不多，所以没有使用三脚架。笔者将相机架在行李箱上，将行李箱作为稳定相机的支撑点。对焦点及测光点放在远处的天际线上，使用了自动包围曝光模式进行拍摄。照片 1 使用了手动色温调节（用 Photoshop 提亮了地面），照片 2 和照片 3 使用了默认色温。

相机设置

文件格式	RAW
感光度 ISO	400
拍摄模式	光圈优先
白平衡	自动
样式	风光
对焦	中央矩阵

后期处理思路

核心问题：画面色彩以及影调过于平淡

这张作品的后期修饰过程大约一个小时。笔者希望能够复制之前的整个制作流程，为了使大家更为直观地了解该修调过程，大多数的调整图层都保存在了文件中。处理步骤如下所示。

（1）画面中瑕疵的处理：虽然原图中曝光还算准确，并无过曝或曝死的部分。但是画面上方的电线这一瑕疵严重影响了整体画面的视觉效果，使其看起来不够整洁与开阔。因此，首先应该修整的就是画面中电线的部分。

（2）基础色调的确定：整体画面色调过于平淡是这张片子最大的问题。为了营造出日出的氛围可以通过曲线的调整使画面呈现出偏蓝绿色的视觉效果，这样蓝绿色即可作为该图的基本色调。

（3）画面色调的丰富：在整体色调确定之后接下来需要做的是，在高光部分添加黄色以此来做出暖暖的光效。由先前以蓝绿色为基础色调渐渐地演变为以黄绿渐变为主的色调，这样的变化使整体画面的色彩与层次也更加丰富。

（4）层次感和立体感的加强：在解决了图像的瑕疵、基础色调以及丰富细节色彩的问题之后，接下来需要做的就是塑造画面的层次感和立体感。当然方法是多样的，例如可以通过曲线、色阶等常用的方式来实现这一目的。但是这里选择"50% 灰"手动地塑造画面的立体感。

（5）画面精细化调整：在图像的大体光影与色彩调整完毕之后，需要做的是对图像细节处颜色的微调，以及对画面整体亮度、对比度及整体锐度的调整。通过上述几个方面的处理使画面看起来更加通透与精致。

后期制作过程

原始文件：Chapter 04/Media/4-2.jpg　　　最终文件：Chapter 04/Complete/4-2.jpg

01 打开素材 执行"文件 > 打开"命令，或按 Ctrl+O 组合键，打开素材文件 4-2.jpg。按 Ctrl+J 组合键对"背景"图层进行复制，得到"背景 复制"图层。

Tips 使用"亮度/对比度"命令可以对图像的色调范围进行调整，"亮度/对比度"命令没有"色阶"和"曲线"的可控性强，有可能会导致丢失图像细节，对于高端输出，最好使用"色阶"或"曲线"命令来调整。

02 瑕疵修整 单击工具箱中的"修补工具"按钮，对图像上方天线的部分进行修整，使得整体画面呈现出整洁的视觉效果。

03 整体色调的调整 单击"图层"面板下方的"创建新的填充或调整图层"按钮，在弹出的下拉菜单中选择"曲线"选项，对其参数进行设置，改变画面的整体色调。

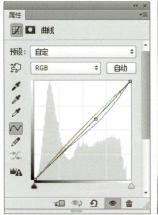

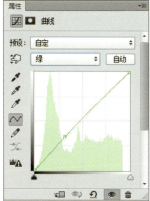
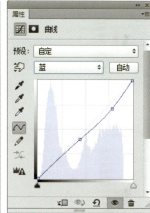

04 整体色调的变换 单击"图层"面板下方的"创建新的填充或调整图层"按钮，在弹出的下拉菜单中选择"曲线"选项，对其参数进行设置，使画面的整体色调偏蓝绿色。

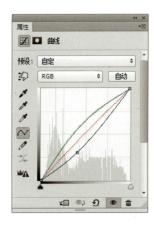 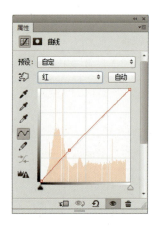 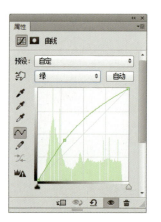 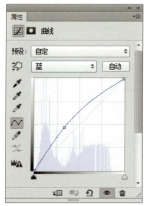

05 <mark>盖印图层并对高光部分加色处理</mark> 按 Ctrl+Shift+Alt+E 组合键盖印可见图层，得到"盖印"图层。然后通过新建一个图层并在图像的高光部分添加黄色的方式制作出暖暖的光效。

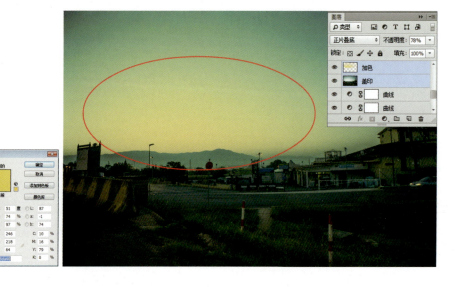

06 <mark>可选颜色的调整</mark> 单击"图层"面板下方的"创建新的填充或调整图层"按钮，在弹出的下拉菜单中选择"可选颜色"选项，对其参数进行设置，使整体画面呈现出由黄色渐变为绿色的效果。

07 曲线的调整 单击"图层"面板下方的"创建新的填充或调整图层"按钮，在弹出的下拉菜单中选择"曲线"选项，对其参数进行设置，使天空呈现出偏蓝的效果。用画笔工具擦出图像中需要作用的部分即可。

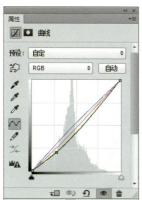 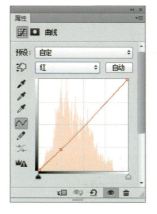 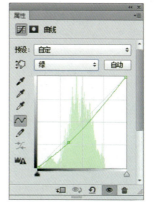 

08 盖印可见图层并对图像进行锐化处理 按 Ctrl+Shift+Alt+E 组合键盖印可见图层，得到"盖印"图层。执行"滤镜>锐化>USM 锐化"命令，在弹出的"USM 锐化"对话框中对其参数进行设置后单击"确定"按钮，对整体画面进行锐化处理。

09 色阶的调整 单击"图层"面板下方的"创建新的填充或调整图层"按钮，在弹出的下拉菜单中选择"色阶"选项，对其参数进行设置，使图像整体看起来更加通透。

❿ **50%灰塑造画面的立体感及层次感** 按 Ctrl+Shift+N 组合键新建图层,将新建的图层命名为"中灰",在弹出的"新建图层"对话框中对其参数进行设置后单击"确定"按钮。将前景色分别设置为黑色和白色,用画笔工具对画面进行加深与减淡的处理,塑造画面立体感及层次感。

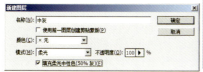

⓫ **盖印可见图层并重新找回暗部的细节** 按 Ctrl+Shift+Alt+E 组合盖印可见图层,得到"盖印"图层。单击工具箱中的"魔棒工具"按钮，设置容差值为32,对画面中暗部区域进行点选后进行羽化处理。按 Ctrl+J 组合键复制所选择的暗部区域,在"图层"面板中将其图层混合模式更改为"滤色",设置不透明度为28%。再用画笔工具擦出图像中需要作用的部分即可。

⓬ **调整图像的自然饱和度** 单击"图层"面板下方的"创建新的填充或调整图层"按钮，在弹出的下拉菜单中选择"自然饱和度"选项,对其参数进行设置,使整体画面看起来更加柔和。

171

⓭ **曲线的调整** 单击"图层"面板下方的"创建新的填充或调整图层"按钮 ，在弹出的下拉菜单中选择"曲线"选项，对其参数进行设置，对画面中暗部区域颜色进行微调，使其偏蓝色和绿色。

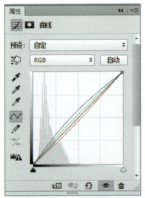 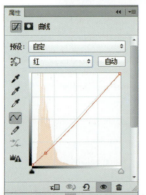  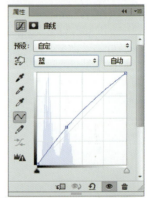

4.3 栈桥日落

原图存在着略微欠曝的情况，且色调过于暗淡使整体画面给人以很灰的感觉，实在不符合摄影师想要表达的意境，因此在后期的修调中需要使片子的色彩丰富起来。除了近处地面质感的体现之外，还要表现出云层的缤纷以及海水的湛蓝。另外远处的夕阳也是画面中的一个亮点，通过色温的转变使金色的阳光洒在蓝色的海面上最终营造出暖暖的氛围。

原始文件：Chapter 04/Media/4-3.jpg　　　　　最终文件：Chapter 04/Complete/4-3.psd

01 打开文件 执行"文件>打开"命令，或按 Ctrl+O 组合键，打开素材文件 4-3.jpg。拖曳"背景"图层到"图层"面板下方的"创建新图层"按钮上，新建"背景 复制"图层，如下图所示。

02 增强画面饱和度 单击"图层"面板下方的"创建新的填充或调整图层"按钮,在弹出的下拉菜单中选择"色相/饱和度"选项,设置参数,增强画面饱和度。

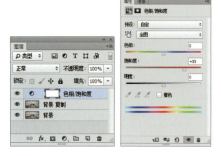

03 调整红色调 在"属性"面板中选择红色,设置参数,效果如右图所示。

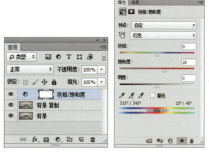

04 调整图像色调 添加"曲线"调整图层,设置曲线参数,对图像色调进行调整。

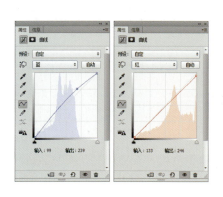

05 **添加曲线** 继续添加"曲线"调整图层，设置曲线参数。选择"曲线"图层蒙版，按Ctrl+I组合键进行反向，利用白色柔角画笔在画面上涂抹，效果如右图所示。

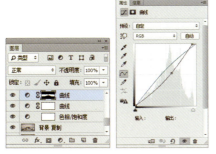

06 **调整图层不透明度** 在"图层"面板中将该曲线图层的不透明度修改为20%。

07 **调整沙滩色调** 继续添加"曲线"调整图层，设置曲线参数，对沙滩色调进行调整。选择"曲线"图层蒙版，利用黑色画笔在画面上涂抹隐藏部分效果。

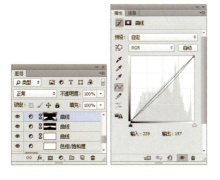

08 调整地面色调 继续添加"曲线"调整图层，设置曲线参数，对地面色调进行调整。选择"曲线"图层蒙版，利用黑色画笔在画面上涂抹隐藏部分效果。

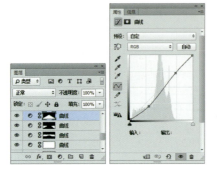

09 调整画面红色调 添加"可选颜色"调整图层，在"颜色"下拉列表中选择红色，设置参数，效果如右图所示。

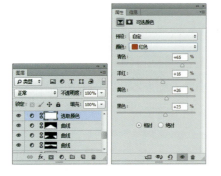

10 调整画面黄色调 继续在"颜色"下拉列表中选择黄色，设置参数，效果如右图所示。

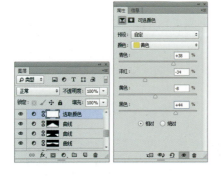

⓫ **调整画面绿色调** 继续在"颜色"下拉列表中选择绿色,设置参数,效果如右图所示。

⓬ **调整画面青色调** 继续在"颜色"下拉列表中选择"青色",设置参数,效果如右图所示。

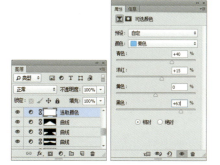
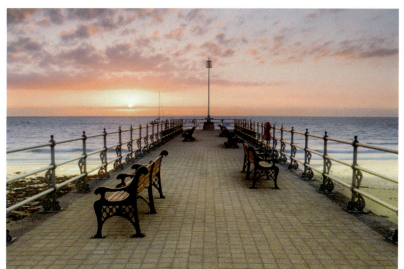

⓭ **调整画面蓝色调** 继续在"颜色"下拉列表中选择蓝色,设置参数,效果如右图所示。

⓮ **调整画面洋红色调** 继续在"颜色"下拉列表中选择洋红,设置参数,效果如右图所示。

⓯ **调整画面白色调** 继续在"颜色"下拉列表中选择白色,设置参数,效果如右图所示。

⓰ **压暗画面** 继续添加"曲线"调整图层,设置参数,对画面色调与亮度进行调整,效果如右图所示。

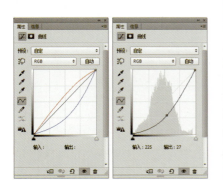

❶⓻ **调整天空色调** 添加"可选颜色"调整图层，设置参数，对天空色调进行调整。

❶⓼ **调整画面对比度** 添加"色阶"调整图层，设置色阶参数，增强画面对比度。

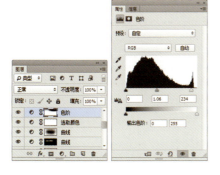

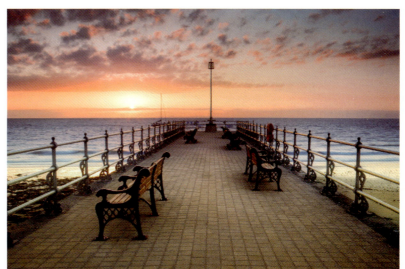

❶⓽ **加深海面颜色** 按 Ctrl+Shift+Alt+E 组合键盖印可见图层，将盖印的图层名称修改为"加深海面"。将该图层的混合模式调整为"柔光"，不透明度调整为 60%，并为其添加图层蒙版。利用黑色画笔在画面上涂抹，隐藏部分效果，使加深效果只应用于海面。

⑳ **模糊画面** 继续盖印可见图层，将盖印的图层名称修改为"再次加深"。执行"滤镜 > 模糊 > 高斯模糊"命令，在弹出的"高斯模糊"对话框中设置参数，单击"确定"按钮。在"图层"面板中将该图层的混合模式调整为"柔光"，不透明度调整为25%，效果如右图所示。

㉑ **中灰** 执行"图层 > 新建 > 图层"命令，在弹出的"新建图层"对话框中设置图层名称为"中灰"，混合模式为"柔光"，勾选"填充柔光中性色"选项，单击"确定"按钮。利用白色柔角画笔在地面上涂抹，将其颜色变淡，效果如右图所示。

㉒ **增强画面清晰度** 继续盖印可见图层，将盖印的图层名称修改为"锐化"。执行"滤镜 > 锐化 > USM锐化"命令，在弹出的"USM锐化"对话框中设置锐化参数，单击"确定"按钮，最终效果如右图所示。

4.4 伏尔加河畔的日出

原图本身曝光相对准确且画面的层次感比较好，只是在色调上有一些欠缺。因此在后期处理中将侧重点放在了色调的转换上，除了使天空、湖面等部分呈现出偏蓝的色调之外，还需要大幅加强远处日出的明艳度，最终使色彩的对比更加鲜明。另外湖面的倒影部分也是一个不容忽视的区域，唯有加强整体对比度才能显现出这一场景的通透、立体。

原始文件：Chapter 04/Media/4-4.jpg　　　　最终文件：Chapter 04/Complete/4-4.psd

01 打开文件 执行"文件 > 打开"命令，或按 Ctrl+O 组合键，打开素材文件 4-4.jpg。拖曳"背景"图层到"图层"面板下方的"创建新图层"按钮上，新建"背景 复制"图层，如下图所示。

02 增强画面饱和度 单击"图层"面板下方的"创建新的填充或调整图层"按钮,在弹出的下拉菜单中选择"色相/饱和度"选项,设置参数,增强画面饱和度。

03 调整红色调 在"属性"面板中选择红色,设置参数,增强图像红色调。

04 调整黄色调 继续在"属性"面板中选择黄色,设置参数,增强图像黄色调。

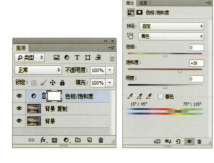

CHAPTER 04　日出日落摄影后期

05 调整青色调 继续在"属性"面板中选择青色，设置参数，增强图像青色调。

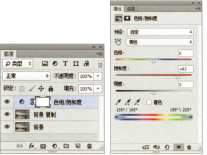

06 调整蓝色调 继续在"属性"面板中选择蓝色，设置参数，增强图像蓝色调。

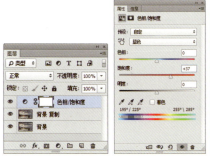

07 调整曲线红色调 添加"曲线"调整图层，设置"红"通道的参数，效果如右图所示。

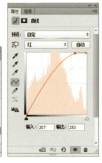

183

08 调整曲线绿色调 继续在"属性"面板中设置"绿"通道的参数,效果如右图所示。

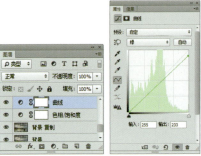

09 调整曲线蓝色调 继续在"属性"面板中设置"蓝"通道的参数,效果如右图所示。

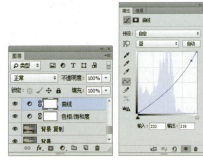

10 隐藏部分曲线并调整图像不透明度 在"图层"面板中选择"曲线"图层蒙版,利用黑色柔角画笔在图像上进行涂抹,隐藏部分效果,并将该曲线图层的不透明度调整为27%,效果如右图所示。

⑪ **调整画面中间调** 添加"色彩平衡"调整图层，在"色调"下拉菜单中选择"中间调"，设置参数，效果如右图所示。

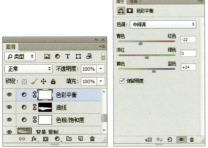

⑫ **调整画面阴影** 继续在"色调"下拉菜单中选择"阴影"，设置参数，效果如右图所示。

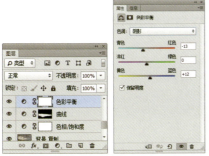

⑬ **调整画面高光** 继续在"色调"下拉菜单中选择"高光"，设置参数，效果如右图所示。

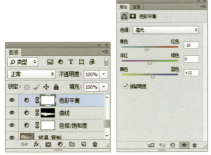

⓮ **调整画面色调** 继续添加"曲线"调整图层，设置曲线参数。选择"曲线"图层蒙版，利用黑色柔角画笔隐藏部分效果，效果如右图所示。

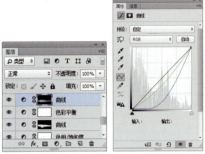

⓯ **提亮房子** 按 Ctrl+Shift+Alt+E 组合键，盖印可见图层。单击工具箱中的"快速选择工具"按钮，对房子进行选择。按 Ctrl+J 组合键将选区内的图层复制到一个新的图层里即"房子提亮"，将该图层的混合模式调整为"滤色"。

⓰ **将四周压暗** 添加"曲线"调整图层，设置曲线参数。选择"曲线"图层蒙版，利用黑色柔角画笔隐藏部分效果，效果如右图所示。

⑰ **模糊画面** 继续盖印可见图层，将盖印的图层名称修改为"颜色加深"。执行"滤镜>模糊>高斯模糊"命令，在弹出的"高斯模糊"对话框中设置参数，单击"确定"按钮，效果如右图所示。

⑱ **调整混合模式与不透明度** 在"图层"面板中将该图层的混合模式调整为"柔光"，不透明度调整为12%，效果如右图所示。

⑲ **增强画面清晰度** 继续盖印可见图层，将盖印的图层名称修改为"锐化"。执行"滤镜>锐化>USM锐化"命令，在弹出的"USM锐化"对话框中设置锐化参数，单击"确定"按钮，最终效果如右图所示。

CHAPTER 05

湖泊水面摄影后期

大自然不仅有着多种多样的天气变化，同时也在地球表面形成了千姿百态的地形地貌。当摄影师投身到大自然中进行户外拍摄时，经常会遇到一些自然造化而成的大场面，诸如江河、湖泊等。拍摄出来的照片需要借助后期的力量来使效果达到极致，本章就来做几个关于湖泊水面的照片后期练习。

5.1 拍摄技巧链接

1. 怎样拍摄湖泊水面

湖泊尽管其外部形态各具特色，但是内部构成成分都是水。大景别画面的水具有如下特色：

（1）水面具有较高的反射率，在一般情况下水面比较明亮，当阳光照射与摄像机镜头形成一定夹角时，在画面中会形成强光反射。

（2）水无定型且变化无穷，除江边、河边、海边等水与陆地交界部分受地形线条影响形成明显线条外，其水面线条（水纹、水线等）与静态景物相比不稳定。

（3）在同一水域，在顺光、侧光、逆光三种不同光线照射下，其水面颜色不一样。例如，在顺光或者顺侧光照射下，绿色水面的色彩浓艳；在侧光照射下，绿色的饱和度会降低，水面波浪的起伏线条及明暗反差较大；在散射光照射下，水面均匀受光，绿色的色彩比较淡雅柔丽，没有明显的反光。

总之，顺光不利于表现水的质感及固有色。当水质比较清澈、水底较浅时，顺光下容易看清水底景物；侧光有利于表现水的形态、波浪线条等；逆光下水面闪烁不定的高光点使画面中水的形象活跃、富有诗意。

⬆ 35mm F8 1/450s ISO100
在画面中加上前景避免画面空洞

2. 用偏振镜去除江河反光

江河的外部形态各具特色，但内部构成都是水。水面具有较高的反光率，当阳光照射的角度与相机镜头形成一定夹角时，会在画面中形成强光反射。

拍摄水景照片为了消除或减弱反光，要使用偏振镜。拍摄时慢慢转动偏振镜，当转到一定角度时（可以用眼睛在镜头内观察）你会发现水面的反射被屏蔽掉了，这就是偏振镜的用法。

CHAPTER 05　湖泊水面摄影后期

⇧ 35mm F8 1/60s ISO100
使用偏振镜后，水底的石头清晰可见

⇧ 35mm F8 1/125s ISO100
不使用偏振镜，水面上有强烈的反光

⇧ 77mm 口径偏振镜

　　宁静的湖面像是一面镜子，可以倒映出水景周围的景色。林间的湖泊环境往往光线比较暗，但是气氛非常宁静，拍摄这样的景色会得到非常不错的画面。

　　拍摄湖泊还要注意避免画面空旷，选择好的前景可以使画面生动起来。被摄景物如果正面受光，也可以在平静的水面看到倒影，但是没有逆光光线产生的倒影明显。倒映在水面上的陆地大多呈现黑色，这时就要以晴朗多云的天空作为陪衬，配合宁静的水面和水中的倒影，给人一种天高海阔的感觉。倒影也是构图时需要注意的，对称构图是常用的构图，切记不要过于呆板。

⇧ 85mm F5.6 1/125s ISO200　　宁静的湖面上倒映着地面上的景物，形成了对称构图

191

5.2 鹿特丹小孩堤防

拍摄背景

小孩堤防（Kinderdijk）是荷兰西部南荷兰省的一个村庄，部分属于新莱克兰（Nieuw-Lekkerland），部分属于阿尔布拉瑟丹，距鹿特丹东面 15 千米。我们来到这里刚好时间有点偏正午，所以拍摄出来的照片非常平淡，幸好天空有几朵云为画面增添了一些情趣。这组旧风车是荷兰最知名的景点之一，因为水面反射、天空晴朗，白天在这里拍摄大多数都会出现逆光现象，人物、风车都会变成剪影。旅行时不可能随身带着反光板，又不想拍摄闪光灯照片，幸好有 Photoshop 这个强大的工具可用来处理这些棘手的问题，只要控制好构图即可。

相机设置	
文件格式	RAW
感光度 ISO	100
拍摄模式	光圈优先
白平衡	自动
样式	风光
对焦	中央矩阵

由于天空光线太强，前景变成了剪影效果

后期处理思路

核心问题：暗部细节体现得不够完整，天空中云朵的层次不够丰富是画面中存在的主要问题，除此之外就是画面的色彩过于平淡，不能很好地体现出天高云淡的外景应有的清新感。

这张作品的后期修饰过程大约用了一个半小时。为了使读者更为直观地了解该图像的修调过程，尽可能地还原当时的制作步骤，并且具体的调整图层被完整地保存在文件中。处理步骤如下所示。

（1）画面中暗部区域的提亮：虽然原图中曝光还算准确，并无过曝或曝死的部分。但是通过观察不难发现部分暗部区域还是存在过黑的现象，使得画面的细节部分缺失，画面看起来层次不够丰富。在这里主要应用了滤色的方式对暗部的细节部分进行提取。

（2）天空部分立体感的加强：天空部分云朵的层次不够丰富是该画面中存在的一个较大的问题，主要可以通过加强对比的方式来增强画面的立体感。当然方法是多样的，可以根据图像本身的特点以及修图师自身的喜好来选择适当的方式。在这里主要通过添加纯黑图层并转换图层混合模式的方式来加强天空部分的立体感与层次感，其最大的优势在于方便快捷。

（3）基础色调的确定：整体画面色调过于平淡也是这张片子较大的一个问题。由于是外景的拍摄，云的层次感还算比较丰富，因此在后期的调色过程中选择了以蓝天白云为主色调来表现外景的开阔、清新以及明媚的视觉效果。

（4）水面部分的提亮：画面中由于有水面的部分，因此需要适当地提亮水面的区域，与此同时适度地加强其对比度，使水面更加通透。最终通过天空在湖面上折射出来的倒影来衬托出整体画面的通透的美感。

（5）整体画面亮度与色彩的微调：画面主色调确定之后，接下来需要做的就是对色彩以及亮度的微调。在这里适度地降低了整体的饱和度，并且在此基础上略微提高了画面的亮度，使画面看起来更加柔美与清新。

心得感悟：

在风景摄影中什么才是最重要的呢？除了与众不同的风光、大场景的拍摄之外，就是云和水。如果说云朵是画面中的眼睛，那么通透的水面则称得上是整个画面的灵魂。在后期的修调过程中我们能做的就是让水面尽可能地通透起来，蓝天白云、波光粼粼的湖面使得整个画面一下子活了起来。

后期制作过程

原始文件：Chapter 05/Media/5-2.jpg　　　　最终文件：Chapter 05/Complete/5-2.psd

01 打开素材 执行"文件>打开"命令，或按 Ctrl+O 组合键，打开原始文件 5-2.jpg。按 Ctrl+J 组合键对"背景"图层进行复制，将复制的图层命名为"背景 复制"图层。

02 暗部的提亮 单击工具箱中的"魔棒工具"按钮，设置容差值为 30，对画面中暗部区域进行点选。按 Ctrl+J 组合键对所选区域进行复制，将复制的图层命名为"滤色"。单击"图层"面板下方的"添加图层蒙版"按钮，添加图层蒙版。单击工具箱中的"画笔工具"按钮，擦出图像中需要作用的部分。

03 盖印图层并加强天空部分的对比度 按 Ctrl+Shift+Alt+E 组合键盖印可见图层，得到"盖印"图层。按 Ctrl+Shift+N 组合键新建图层，将新建的图层命名为"加对比"。将前景色设置为黑色，按 Alt+Delete 组合键对新建图层进行填充。在"图层"面板中将该图层的混合模式更改为"柔光"，加强图像的对比度。单击"图层"面板下方的"添加图层蒙版"按钮，添加图层蒙版。单击工具箱中的"画笔工具"按钮，擦除图像中不需要作用的部分。

04 图像整体色调的确定 单击"图层"面板下方的"创建新的填充或调整图层"按钮，在弹出的下拉菜单中选择"曲线"选项，对其参数进行设置，确定整体画面的色调，使其偏蓝色。单击工具箱中的"画笔工具"，擦除图像中不需要作用的部分。

  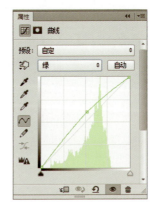 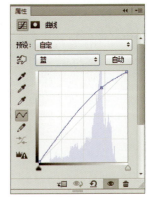

05 <mark>水面部分的提亮</mark> 盖印图层之后对图像中水面部分进行复制。单击"图层"面板下方的"创建新的填充或调整图层"按钮，在弹出的下拉菜单中选择"曲线"选项，对其参数进行设置，使得水面的部分看起来更加通透。单击工具箱中的"画笔工具"，擦除图像中曲线不需要作用的部分即可。

06 <mark>对水面部分的颜色进行微调</mark> 单击"图层"面板下方的"创建新的填充或调整图层"按钮，在弹出的下拉菜单中选择"可选颜色"选项，对其参数进行设置，使得水面部分的倒影更加清晰、立体。

07 整体色调的微调 单击"图层"面板下方的"创建新的填充或调整图层"按钮,在弹出的下拉菜单中选择"可选颜色"选项,对其参数进行设置,对画面颜色进行微调。

08 绿植部分颜色的调整 单击"图层"面板下方的"创建新的填充或调整图层"按钮,在弹出的下拉菜单中选择"曲线"选项,对其参数进行设置,对画面中绿植部分进行调整,使其高光部分呈现出黄绿色调。按Ctrl+I 组合键添加反向蒙版,再用画笔工具擦出绿植高光部分即可。

 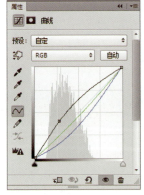 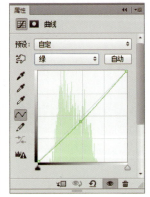 

09 绿植部分颜色的调整 单击"图层"面板下方的"创建新的填充或调整图层"按钮，在弹出的下拉菜单中选择"曲线"选项，对其参数进行设置，对画面中绿植部分进行调整，为绿植部分增加少许绿色元素。按 Ctrl+I 组合键添加反向蒙版，再用画笔工具擦出需要作用的绿植部分即可。

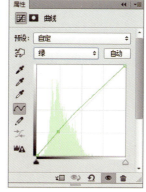
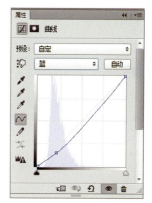

10 天空部分立体感的加强 执行"文件>新建"命令（快捷键 Ctrl+N），在弹出的"新建图层"对话框中设置参数。将前景色分别设置为黑色和白色，用画笔工具加强天空部分的立体感。

⓫ **提亮建筑的暗部区域** 盖印可见图层，单击工具箱中的"魔棒工具"按钮，设置容差值为30，对画面中建筑物暗部区域进行点选。将该图层的混合模式更改为"滤色"，使暗部细节更好地呈现出来。

⓬ **整体画面色相/饱和度的调整** 盖印可见图层，单击"图层"面板下方的"创建新的填充或调整图层"按钮，在弹出的下拉菜单中选择"色相/饱和度"选项，对其参数进行设置，使得整体画面看起来更加柔和、唯美。

⓭ **色阶的调整** 单击"图层"面板下方的"创建新的填充或调整图层"按钮，在弹出的下拉菜单中选择"色阶"选项，对其参数进行设置，使整体画面看起来更为通透。

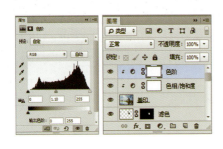

5.3 水面倒影

从曝光与层次上来看原图问题并不是很大，只是色调过于暗淡。因此在后续的调整中主要对色彩的明度和饱和度等进行了适度的调整，并且通过分区调色的方式分别对天空、云霞以及湖面的倒影等部分进行处理，最终在湖面的倒映下呈现出了水天一色的唯美景象。

原始文件：Chapter 05/Media/5-3.jpg　　　　　　最终文件：Chapter 05/Complete/5-3.psd

01 打开文件 执行"文件＞打开"命令，在弹出的"打开"对话框中打开素材文件，按 Ctrl+J 组合键复制"背景"图层。

02 调整色相/饱和度 单击"图层"面板下方的"创建新的填充或调整图层"按钮,在弹出的下拉菜单中选择"色相/饱和度"选项,在弹出的"属性"面板中设置参数。

03 调整色彩平衡 添加"色彩平衡"调整图层,在弹出的"属性"面板中设置参数,调整图像色调,设置图层的不透明度为85%。

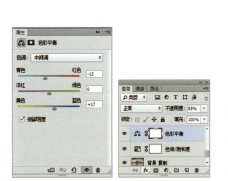

04 调整色相/饱和度 盖印图层,添加"色相/饱和度"调整图层,在弹出的"属性"面板中设置参数,调整图像的色调,设置图层的不透明度为79%。

05 调整曲线 添加"曲线"调整图层,在弹出的"属性"面板中调整曲线,调整图像色调,设置图层的不透明度为 75%。

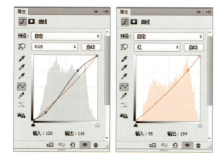

06 调整可选颜色 添加"可选颜色"调整图层,在弹出的"属性"面板中设置参数,调整图像中对应颜色的色调。

07 调整渐变映射 添加"渐变映射"命令,在弹出的"属性"面板中设置渐变色,设置图层的混合模式为"柔光",不透明度为 19%,调整图像的色调。

08 调整绿地色调 添加"曲线"调整图层，在弹出的"属性"面板中调整曲线。选中"曲线"图层蒙版为其填充黑色，选择白色柔角画笔在画面中与树根平行的绿地上涂抹，改变绿地的色调。

09 调整图像色调 添加"色阶"调整图层，在弹出的"属性"面板中设置参数，调整图像色调。选中"色阶"图层蒙版，选择黑色柔角画笔在画面左侧合适位置涂抹，隐藏部分涂抹效果。

10 塑造光影 新建图层，设置前景色为中灰色（R: 128，G: 128，B: 128），按Alt+Delete组合键为图层填充中灰色，设置图层的混合模式为"柔光"。单击"画笔工具"按钮，设置画笔的笔触为柔角画笔，设置画笔不透明度，分别利用白色柔角画笔和黑色柔角画笔在画面中涂抹绘制，塑造光影。

❶❶ 锐化图像 盖印图层，执行"滤镜＞锐化＞USM 锐化"命令，在弹出的"USM 锐化"对话框中设置参数，单击"确定"按钮。

❶❷ 瑕疵修复 盖印图层，单击"修补工具"按钮，在画面中圈选瑕疵部位选区，将选区拖曳至相邻无瑕疵处完成修复。利用相似的方法修复图像中的所有瑕疵。

❶❸ 调整可选颜色 添加"可选颜色"调整图层，在弹出的"属性"面板中设置参数，调整图像中对应颜色的色调，设置不透明度为 87%。

⓮ **调整湖面色调** 添加"曲线"调整图层，在弹出的"属性"面板中调整曲线。选中"曲线"图层蒙版为其填充黑色，选择白色柔角画笔在画面中左下方湖面区域涂抹，调整湖面色调。

⓯ **调整图像色调** 添加"色阶"调整图层，在弹出的"属性"面板中设置参数，调整图像的色调。

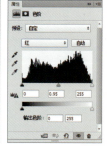

⓰ **最终效果** 添加"曲线"调整图层，在弹出的"属性"面板中调整曲线，调整图像的色调。设置图层的不透明度为80%，最终效果如右图所示。

5.4 傍晚的天鹅湖

原图中存在整体欠曝的情况，尤其是画面暗部区域的层次不够完整。因此首先要调整图像的亮度，除此之外还需对整体色调进行调整，使其呈现出偏洋红、偏紫的效果，从而更好地烘托出天鹅湖傍晚的宁静与神秘。另外，除了给远处的云霞增加暖调之外可再次提高湖面天鹅的亮度，使其主体地位更加突出。

原始文件：Chapter 05/Media/5-4.jpg　　　　　　　最终文件：Chapter 05/Complete/5-4.psd

01 打开文件 执行"文件>打开"命令，在弹出的"打开"对话框中打开素材文件，按 Ctrl+J 组合键复制"背景"图层。

02 载入阴影选区 按 Ctrl+Alt+2 组合键载入图像中的高光选区,按 Ctrl+Shift+I 组合键反向载入阴影选区。

03 滤色图层 按 Ctrl+J 组合键复制选区内内容,设置图层的混合模式为"滤色",不透明度为 53%。

04 调整整体色调 单击"图层"面板下方的"创建新的填充或调整图层"按钮,在弹出的下拉菜单中选择"照片滤镜"选项,在弹出的"属性"面板中设置参数,调整图像的色调。

05 <mark>整体调色</mark> 再次添加"照片滤镜"调整图层，在弹出的"属性"面板中设置参数，调整图像整体色调。

06 <mark>载入选区</mark> 按住 Ctrl 键的同时单击"滤色"图层缩略图，载入选区，按 Ctrl+Shift+I 组合键反向载入选区。

07 <mark>调整选区色调</mark> 添加"曲线"调整图层，在弹出的"属性"面板中调整曲线，调整选区色调。

08 载入选区 单击工具箱中的"钢笔工具"按钮,在选项栏中选择工具的模式为路径,在画面中绘制水面上动物的路径,按 Ctrl+Enter 组合键将路径转换为选区。

09 调整色阶 添加"色阶"调整图层,在弹出的"属性"面板中设置参数,调整水面上动物的色调,设置图层的不透明度为 47%。

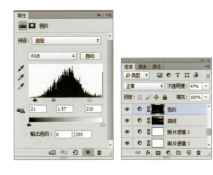

10 调整可选颜色 按住 Ctrl 键的同时单击"色阶"图层蒙版,载入选区,按 Ctrl+Shift+I 组合键反向载入选区。添加"可选颜色"调整图层,在弹出的"属性"面板中设置参数,调整图像的色调。

⓫ **调整高光色调** 载入图像高光选区,添加"曲线"调整图层,在弹出的"属性"面板中调整曲线,调整图像的色调。

⓬ **调整阴影色调** 载入图像阴影选区,添加"曲线"调整图层,在弹出的"属性"面板中调整曲线,调整图像的色调。

⓭ **调整可选颜色** 按住 Ctrl 键的同时单击"色阶"图层蒙版,载入选区,按 Ctrl+Shift+I 组合键反向载入选区。添加"可选颜色"调整图层,在弹出的"属性"面板中设置参数,调整图像的色调。

⑭ **提亮图像** 添加"曲线"调整图层，在弹出的"属性"面板中调整曲线。选中"曲线"图层蒙版，为其填充黑色，选择白色柔角画笔在画面中树木以及树木倒影区域涂抹，提亮图像。

⑮ **压暗草地** 添加"曲线"调整图层，在弹出的"属性"面板中调整曲线。选中"曲线"图层蒙版，为其填充黑色，选择白色柔角画笔在画面下方草地上涂抹，压暗草地。

⑯ **调整动物色调** 载入画面中动物选区，添加"黑白"调整图层，在弹出的"属性"面板中设置参数，调整画面中动物的色调，设置图层的不透明度为71%。

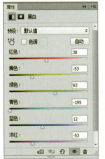 

⓱ **通道载入选区** 单击"图层"面板上方的"通道"按钮,转到"通道"面板中,复制"红"通道。按 Ctrl+L 组合键,在弹出的"色阶"面板中设置参数,单击"确定"按钮。载入"红拷贝"通道选区,选择 RGB 通道,回到"图层"面板中。

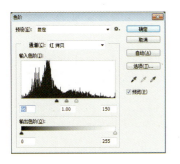

⓲ **制作水纹的高光** 添加"色阶"调整图层,在弹出的"属性"面板中设置参数。选中"色阶"图层蒙版,选择黑色柔角画笔在画面中右侧水纹之外的区域涂抹,制作水纹的高光。

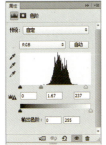 

⓳ **塑造光影** 新建图层,为图层填充中灰色(R:128,G:128,B:128),设置图层的混合模式为"柔光"。单击"画笔工具"按钮,设置画笔为黑色柔角画笔,设置画笔不透明度,在画面四周涂抹,塑造光影。

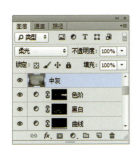

❷⓿ **模糊柔光** 盖印图层，执行"滤镜 > 模糊 > 高斯模糊"命令，在弹出的"高斯模糊"对话框中设置参数，单击"确定"按钮。设置图层的混合模式为"柔光"，不透明度为45%。

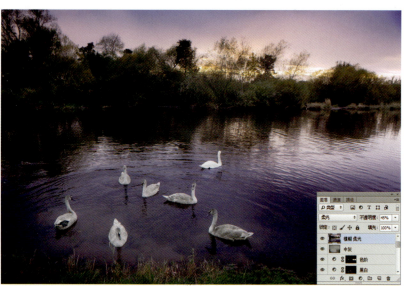

❷❶ **最终效果** 添加"色阶"调整图层，在弹出的"属性"面板中设置参数。选中"色阶"图层蒙版，为其填充黑色，选择白色柔角画笔在画面中树木以及树木倒影区域涂抹，提亮图像。

CHAPTER 06

海景摄影后期

笔者最近整理了过去几年自己或朋友拍摄的海景作品，承蒙各大摄影网站版主抬爱，得到不少赞扬。有朋友建议笔者写一些详细的教程，说一说是如何拍摄和如何修片的，其实笔者的作品大多参考了蜂鸟论坛和国外一些知名摄影网站的大师的作品。这些年也走了不少弯路，在这里跟读者分享一下海景摄影后期的心得。

6.1 拍摄技巧链接

1. 大海的构图练习

在海上拍摄大海的照片和从陆地上拍摄大海的照片完全不同，需要使用不同的构图形式才能得到理想的照片效果。通常，平静的海面上景色非常单纯，天空只有纯净的蓝、白两色，所以运用色块和线条容易构成美丽的大海照片，常用的构图法有三分法、对称式构图等。从陆地上拍摄大海则有更加丰富的构图变化，借助海岸或沙滩上的一些石头做前景来构图，使大海的纵深感增强。

⬆ 曲线构图

⬅ 35mm F11 1/250s ISO100
利用大海周围的岛屿进行曲线构图

⬆ 三分法构图

⬅ 45mm F8 1/450s ISO100
利用地平线进行三分法构图

⬆ 对称式构图

⬅ 35mm F8 1/350s ISO100
利用水面进行对称式构图

2. 拍出大海的壮观氛围

　　碧海蓝天一望无垠，波澜壮阔，拍成照片却平平淡淡，一点也没有表现出海的气势与美丽。这就是人用眼睛观看和用相机镜头留影的不同之处。眼睛观看时，映入眼帘的是立体的，因而有空间感，你会觉得天空、大海无限深远。而照片却是平面的，看照片就很难感受到大海的那种辽阔、宏大。用高速快门凝固溅起的浪花，会有与众不同的效果。为了强化日落的效果，使用RAW格式拍摄时，可以稍后在Photoshop中选择白平衡。如果使用JPEG格式拍摄，可以调到"风景"模式，拍下一张测试照，观察液晶显示屏里的照片效果。

◀ 35mm F13 1/250s ISO200
在日出时分，水面的色温与天空的色温一处偏蓝、一处偏黄，非常适合海景的拍摄

3. 高速快门拍大海

　　大海激荡的海浪、金色的沙滩，往往是摄影爱好者喜爱的拍摄题材，但是想拍摄好海景并非易事。

　　如果试着用高速快门拍摄大海，则可以表现出大海咆哮、奔腾的画面。高速快门把海水溅起的浪花凝固在空中，在风的吹拂下海面越来越不平静，被凝固的海面就可以完全体现出这一点。要使用高速快门拍摄，首先要将相机调整为快门优先模式或手动模式，先设定快门速度为1/500s甚至更快，再根据曝光量确定最恰当的光圈值。

◀ 85mm F4.5 1/1000s ISO 200
高速快门能把浪花凝固住，展现动态的效果

6.2 阴郁的里斯本海港

拍摄背景

里斯本位于葡萄牙西部，城北为辛特拉山，城南临塔古斯河，距离大西洋不到 12 千米，是欧洲大陆最西端的城市。我们是 10 月份到达里斯本海港的，海港上的石雕代表了该国向往发展海上之路的国策。刚好这几天天气比较阴沉，也能够衬托出这个殖民帝国的没落（16 世纪起，葡萄牙在大航海时代中扮演活跃的角色，成为重要的海上强国）。

拍摄设备

相机机身	Nikon 微单
镜头	35–70mm F3.5
三脚架	曼富图 190XDB
偏振镜	B+W Xpro CPL
测光表	世光 L758D
遥控快门	TC–80N3

后期处理思路

核心问题：天空部分的层次感不够，整体画面偏亮并且色调过于平淡是这张图像中存在的几个较为严重的问题。

在调整图像之前首先需要考虑的是画面中存在的一些问题，找到了问题所在并且一一进行解决是摄影师在修片的过程中不可或缺的一个重要的环节。至于后期色调的处理，首先应该基于对图像的理解，包括前期摄影师的拍摄意图、所要表达的意境等。只有充分理解了上述几点才有可能修调出好的作品。

该案例是一张以岸边石雕为主体的外景图片的后期制作，在修调的过程中主要选择了蓝色作为画面的主色调。通过亮度以及色彩的调节，营造出了清晨宁静的氛围。处理步骤如下所示。

（1）整体画面层次感的加强：原图中曝光还算准确，并无过曝或曝死的部分，但是存在着整体画面层次不够丰富、缺乏立体感的缺点，并且图像本身的亮度过高，使得天空失去了一些细节。针对这一问题，主要通过调整亮度/对比度来还原图像中应有的细节与层次。

（2）基础色调的确定：整体画面色调过于平淡也是这张片子较大的一个问题。为了营造出清晨的宁静氛围，在这里通过调整曲线的方式为图像添加蓝色调，使画面呈现出整体偏蓝的视觉效果。

（3）图像立体感的加强以及画面精细化的处理：在图像的基本色调确定之后需要做的往往是加强图像本身的立体感，使得画面的层次更加丰富，细节体现得更加充分。在这里，除了需要还原部分石雕的色彩之外，还应适当地压暗四周的环境，使得画面的主题更加突出。除此之外，最后的锐化处理也是必不可少的一个重要的环节，通过适度的锐化使得画面中细节部分体现得更加完整，画面看起来更加精致。

后期制作过程

原始文件：Chapter 06/Media/6-2.jpg　　最终文件：Chapter 06/Complete/6-2.psd

01 打开素材 执行"文件 > 打开"命令，或按 Ctrl+O 组合键，打开素材文件 6-2.jpg。按 Ctrl+J 组合键对"背景"图层进行复制，得到"背景 复制"图层。

02 提亮画面中的亮部区域 单击工具箱中的"魔棒工具"按钮，设置容差值为 30，对画面中亮部区域进行点选后并进行适度的羽化处理。单击"图层"面板下方的"创建新的填充或调整图层"按钮，在弹出的下拉菜单中选择"亮度 / 对比度"选项，对其参数进行设置，适度地提亮高光区域并加强其对比度，使画面看起来更加通透。

03 加强图像的对比度 按 Ctrl+Shift+N 组合键新建图层，将新建的图层命名为"加对比"。将前景色设置为黑色，按 Alt+Delete 组合键对新建图层进行填充。在"图层"面板中将该图层的混合模式更改为"柔光"，加强图像的对比度。单击"图层"面板下方的"添加图层蒙版"按钮 ，添加图层蒙版。单击工具箱中的"画笔工具"按钮 ，擦除图像中不需要作用的部分。

04 整体色调的确定 单击"图层"面板下方的"创建新的填充或调整图层"按钮 ，在弹出的下拉菜单中选择"曲线"选项，对其参数进行设置，使画面整体呈现出偏蓝的色调。

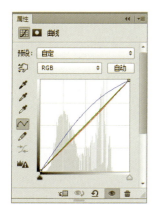
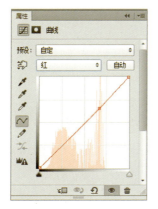
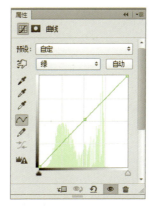
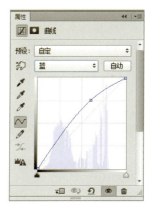

05 天空部分的压暗 单击"图层"面板下方的"创建新的填充或调整图层"按钮 ，在弹出的下拉菜单中选择"曲线"选项，对其参数进行设置，适当地压暗天空的部分，使得整体画面更有层次感。用画笔工具擦除图像中不需要作用的部分。

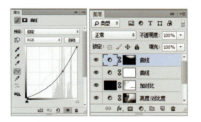

06 50%灰加强图像的立体感 执行"文件＞新建"命令（快捷键 Ctrl+N），在弹出的"新建"对话框中设置参数。将前景色分别设置为黑色和白色，用画笔工具加强天空部分的立体感。

07 石雕部分颜色以及亮度的调整 单击"图层"面板下方的"创建新的填充或调整图层"按钮 ，在弹出的下拉菜单中选择"曲线"选项，对其参数进行设置，调整石雕部分的亮度以及颜色。用画笔工具擦除图像中不需要作用的部分。

CHAPTER 06 海景摄影后期

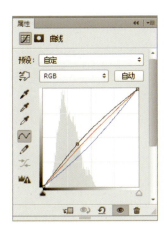

08 整体画面的锐化 执行"滤镜>锐化>USM锐化"命令，在弹出的"USM锐化"对话框中对其参数进行设置后单击"确定"按钮，使图像看起来更加清晰、立体。

223

6.3 海边灯塔

原图曝光还算准确，只是色调过于灰暗，不能很好地体现出片子唯美的意境。后期将淡紫色作为画面的主色调，另外在天边的云霞处添加少许红色、黄色元素，使整体色彩瞬间丰富起来。然后再通过亮度以及对比度等方面的细微调整，使一幅悠远唯美的海边灯塔画面展现在了读者的面前。

原始文件：Chapter 6/Media/6-3.jpg　　　　　　最终文件：Chapter 6/Complete/6-3.psd

01 打开文件 执行"文件 > 打开"命令，或按 Ctrl+O 组合键，打开素材文件 6-3.jpg。拖曳"背景"图层到"图层"面板下方的"创建新图层"按钮上，新建"背景 复制"图层，如下图所示。

❷ **调整红色调** 单击"图层"面板下方的"创建新的填充或调整图层"按钮，在弹出的下拉菜单中选择"曲线"选项，设置"红"通道的参数，效果如右图所示。

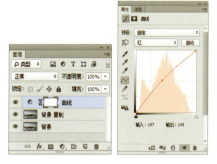

❸ **调整绿色调** 继续在"属性"面板中，设置"绿"通道的参数，效果如右图所示。

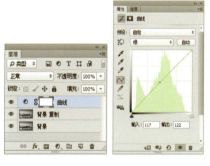

❹ **调整蓝色调** 继续在"属性"面板中，设置"蓝"通道的参数，效果如右图所示。

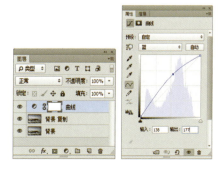

05 调整"绿"通道 在"通道"面板中选择"绿"通道，对"绿"通道进行复制。选择复制的"绿 拷贝"通道，按Ctrl+L组合键，在弹出的"色阶"对话框中设置色阶参数。

 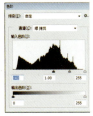 

06 调整色调 按住 Ctrl 键，单击"绿 拷贝"通道的缩览图，为其创建选区。回到"图层"面板，单击"图层"面板下方的"创建新的填充或调整图层"按钮，设置曲线参数，如下图所示。

07 调整色调 继续将"绿 拷贝"通道作为选区载入"曲线"图层蒙版。继续添加"曲线"调整图层，设置曲线参数，效果如右图所示。

08 调整色调 继续添加"曲线"调整图层，设置参数，为其添加一个反向蒙版。利用白色柔角画笔在页面上涂抹，将效果只应用于天空，将该图层的不透明度调整为56%。

09 调整红色调 添加"可选颜色"调整图层，在"颜色"下拉列表中选择红色，设置参数，效果如右图所示。

10 调整黄色调 继续在"颜色"下拉列表中选择黄色，设置参数，效果如右图所示。

⑪ **调整青色调** 继续在"颜色"下拉列表中选择青色，设置参数，效果如右图所示。

⑫ **调整蓝色调** 继续在"颜色"下拉列表中选择蓝色，设置参数，效果如右图所示。

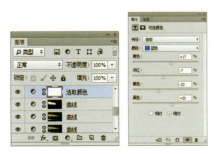

⑬ **调整洋红色调** 继续在"颜色"下拉列表中选择洋红，设置参数，效果如右图所示。

⑭ **调整图像色相/饱和度** 添加"色相/饱和度"调整图层，设置参数，降低饱和度，效果如右图所示。

⑮ **暗部提亮** 按 Ctrl+Shift+Alt+E 组合键盖印可见图层，按 Ctrl+Alt+2 组合键，创建亮部选区，继续按 Ctrl+Shift+I 组合键进行反向选区。按 Ctrl+J 组合键将选区内的图像复制到一个新的图层里即"暗部提亮"，将该图层的混合模式调整为"滤色"。

⑯ **隐藏部分提亮效果与调整不透明度** 按住 Alt 键，单击"图层"面板下方的"添加图层蒙版"按钮，为"暗部提亮"图层添加一个反向蒙版，利用白色柔角画笔在图像上进行涂抹，显示部分提亮效果，并将该图层的不透明度调整为 55%。

❶❼ **压暗四周** 继续添加"曲线"调整图层，设置曲线参数。选择"曲线"图层蒙版，利用黑色画笔工具在页面上进行涂抹，将曲线效果隐藏，使四周进行压暗，效果如右图所示。

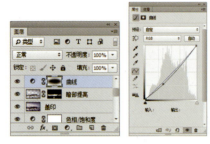

❶❽ **盖印图层** 按 Ctrl+Shift+Alt+E 组合键盖印可见图层，将盖印的图层名称修改为"锐化"。

❶❾ **锐化图像** 选择"锐化"图层，执行"滤镜>锐化>USM 锐化"命令，在弹出的"USM 锐化"对话框中设置锐化参数，单击"确定"按钮，使画面更加清晰，最终效果如右图所示。

6.4 渔船归来

原图最大的缺陷在于本应作为画面亮点的云霞部分并没有呈现出其应有的绚丽与层次，除此之外就是该图像本身的对比不够，整体画面给人比较混沌的感觉。因此在后期调整中需要在色调以及对比度上多下功夫，最终展现出夕阳下渔船归来的美妙景象：天边的夕阳映红了远处的湖面，渔船静静地停在那里，在余晖的映衬下一切都显得那么宁静与安详。

原始文件：Chapter 06/Media/6-4.jpg　　　　最终文件：Chapter 06/Complete/6-4.psd

01 打开文件 执行"文件>打开"命令，在弹出的"打开"对话框中打开素材文件，按 **Ctrl+J** 组合键复制"背景"图层。

02 调整图像色相/对比度 单击"图层"面板下方的"创建新的填充或调整图层"按钮，在弹出的下拉菜单中选择"色相/对比度"选项，在弹出的"属性"面板中设置参数。

03 载入亮部选区 盖印图层,按 Ctrl+Alt+2 组合键载入图像中的亮部区域选区。

04 调整亮部色调 添加"曲线"调整图层,在弹出的"属性"面板中调整曲线,调整亮部的色调,设置图层的不透明度为 61%。

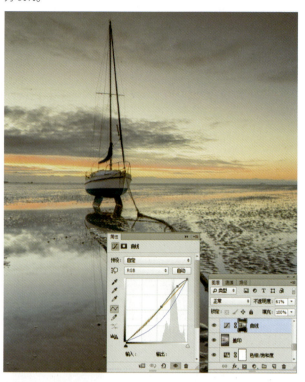

05 继续调整图像亮部色调 添加"曲线"调整图层,在弹出的"属性"面板中调整曲线。复制上一"曲线"图层的蒙版,调整亮部的色调。

06 调整图像的色调 添加"色阶"调整图层,在弹出的"属性"面板中设置参数,调整图像的色调。

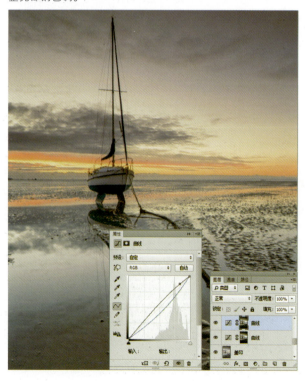

07 压暗图像四周 添加"曲线"调整图层，在弹出的"属性"面板中调整曲线。选中"曲线"图层蒙版，为其填充黑色，选择白色柔角画笔在画面中四周涂抹，压暗图像四周，设置图层的不透明度为71%。

08 模糊柔光 盖印图层，复制盖印图层，执行"滤镜>模糊>高斯模糊"命令，在弹出的"高斯模糊"对话框中设置参数，单击"确定"按钮。设置图层的混合模式为"柔光"，不透明度为27%。

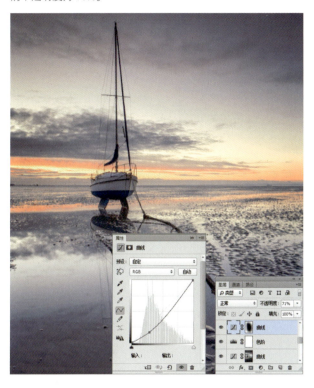

09 锐化图像 盖印图层，执行"滤镜>锐化>USM锐化"命令，在弹出的"USM锐化"对话框中设置参数，单击"确定"按钮。

10 中灰图层 新建图层，填充中灰色（R：128，G：128，B：128），利用黑色柔角画笔和白色柔角画笔在画面中涂抹，塑造光影。

6.5 马来西亚暗礁

这幅图在后期处理上相对简单一些，除了将画面的主色调调整为蓝调之外就是进行整体对比度的加强。除此之外礁石作为画面的主体，通过增加锐度来体现其本身的质感。最后为了使其在整体画面中更加醒目，对四周的环境进行了再次压暗的处理。

原始文件：Chapter 06/Media/6-5.jpg　　　　最终文件：Chapter 06/Complete/6-5.psd

01 打开文件 执行"文件 > 打开"命令，或按 Ctrl+O 组合键，打开素材文件 6-5.jpg。拖曳"背景"图层到"图层"面板下方的"创建新图层"按钮上，新建"背景 复制"图层，如下图所示。

02 **将图像进行压暗** 单击"图层"面板下方的"创建新的填充或调整图层"按钮 ⊘，在弹出的下拉菜单中选择"曲线"选项，设置参数，效果如右图所示。

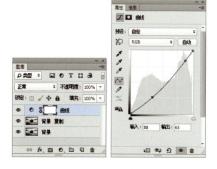

03 **调整红色调** 在"属性"面板中，设置"红"通道的参数，效果如右图所示。

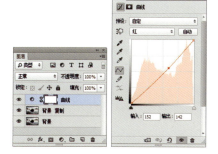

04 **调整绿色调** 继续在"属性"面板中，设置"绿"通道的参数，效果如右图所示。

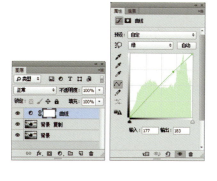

05 调整蓝色调 继续在"属性"面板中,设置"蓝"通道的参数,效果如右图所示。

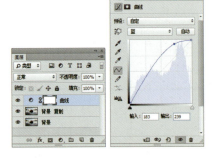

06 加色 按 Ctrl+Alt+2 组合键创建亮部选区,新建一个"加色"图层,设置前景色为黄色(R:255,G:221,B:15)。按 Alt+Delete 组合键为选区填充颜色,按 Ctrl+D 组合键取消选区,效果如右图所示。

07 调整图层混合模式与不透明度 选择"加色"图层,为其添加一个反向蒙版,利用白色柔角画笔,降低画笔的不透明度,在页面上进行涂抹,显示部分效果。将该图层的混合模式调整为"颜色",不透明度调整为 66%。

⑧ **调整"红"通道** 在"通道"面板中选择"红"通道,对"红"通道进行复制。选择复制的"红 拷贝"通道,按 Ctrl+L 组合键,在弹出的"色阶"对话框中设置色阶参数。

 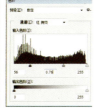

⑨ **调整色调** 按住 Ctrl 键单击"红 拷贝"通道的缩览图,为其创建选区。回到"图层"面板,单击"图层"面板下方的"创建新的填充或调整图层"按钮,设置曲线参数,如下图所示。

⑩ **去色** 盖印可见图层,将盖印的图层名称修改为"去色"。按 Ctrl+Shift+U 组合键进行去色,将该图层的不透明度调整为 33%。

⓫ 锐化图像 盖印可见图层，将盖印的图层名称修改为"锐化"。执行"滤镜 > 锐化 > USM 锐化"命令对图像进行锐化，将该图层的不透明度调整为 70%。

⓬ 增强立体感 执行"图层 > 新建 > 图层"命令，在弹出的"新建图层"对话框中设置图层名称为"中灰"，混合模式为"柔光"，勾选"填充柔光中性色"复选框，单击"确定"按钮。利用黑色柔角画笔，降低画笔不透明度，在图像上进行涂抹，使画面更加立体。为该图层添加图层蒙版，利用黑色柔角画笔在画面上涂抹，将部分效果隐藏。

⓭ 调整色阶 添加"色阶"调整图层，设置色阶参数，增强画面对比度。选择"色阶"图层蒙版，按 Ctrl+I 组合键进行反向，利用白色柔角画笔在画面上涂抹，使色阶效果只应用于部分图像。

⓮ **调整曲线** 添加"曲线"调整图层，设置曲线参数，效果如右图所示。

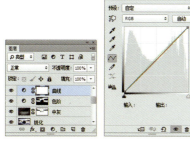

⓯ **调整自然饱和度** 添加"自然饱和度"调整图层，设置参数，并将该图层的不透明度调整为68%，效果如右图所示。

⓰ **调整色调** 添加"曲线"调整图层，设置曲线参数，对图像色调进行调整，最终效果如右图所示。

6.6 汹涌的浪花

　　这幅图所要表现的是海水拍打在礁石上击起千层浪花的汹涌澎湃，在原图中由于色调的单一以及光影的平淡使画面中近处的浪花、岩石以及远处的海水、云霞混为一体，故不能很好地体现出其应有的壮观景象。因而在后期的修调中选择将画面处理成高反差、低饱和的状态。较大的反差更能够表现出岩石的锐度以及浪花巨大的冲击力，适当地降低饱和度则使画面给人以沉稳厚重之感。

原始文件：Chapter 06/Media/6-6.jpg　　　　最终文件：Chapter 06/Complete/6-6.psd

01 打开文件 执行"文件>打开"命令，在弹出的"打开"对话框中打开素材文件，按 **Ctrl+J** 组合键复制"背景"图层。

02 添加渐变映射 单击"图层"面板下方的"创建新的填充或调整图层"按钮,在弹出的下拉菜单中选择"渐变映射"选项,在弹出的"属性"面板中设置渐变色,设置图层的混合模式为"强光"。选择"渐变映射"图层蒙版,选择黑色柔角画笔在画面中石头过暗处涂抹。

03 提亮图像 添加"曲线"调整图层,在弹出的"属性"面板中调整曲线,提亮图像。

04 新建图层 新建图层,设置前景色为蓝色(R: 109, G: 141, B: 198),按 Alt+Delete 组合键为图层填充蓝色,设置图层的混合模式为"颜色",不透明度为 75%。

05 改变海水颜色 按住Alt键的同时单击"添加图层蒙版"按钮，添加反向蒙版。选择白色柔角画笔，适当降低画笔不透明度，在画面中海水区域涂抹，改变海水颜色。

06 调整天空色调 添加"曲线"调整图层，在弹出的"属性"面板中调整曲线。选中"曲线"图层蒙版，为其填充黑色，选择白色柔角画笔在画面中天空区域涂抹，改变天空色调。

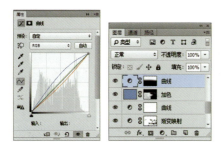

07 载入暗部选区 盖印图层，按Ctrl+Alt+2组合键载入图像中的高光选区，再按Ctrl+Shift+I组合键反向转换为暗部选区。

08 滤色 按 Ctrl+J 组合键复制选区内内容，设置图层的混合模式为"滤色"。按住 Alt 键的同时单击"添加图层蒙版"按钮，添加反向蒙版，选择白色柔角画笔在画面中岩石区域涂抹，提亮岩石。

09 为云朵加色 添加"曲线"调整图层，在弹出的"属性"面板中调整曲线。选中"曲线"图层蒙版，为其填充黑色，选择白色柔角画笔，降低画笔的不透明度，在画面中天空的云朵区域涂抹，为云朵加色。

10 调整岩石色调 添加"曲线"调整图层，在弹出的"属性"面板中调整曲线。选中"曲线"图层蒙版，为其填充黑色，选择白色柔角画笔，在画面中岩石区域涂抹，调整岩石色调。

⑪ **调整图像色调** 添加"可选颜色"调整图层，在弹出的"属性"面板中设置参数，调整图像中对应颜色的色调。

⑫ **继续设置参数** 继续在弹出的"属性"面板中设置其他颜色参数，调整图像中对应颜色的色调。

⑬ **模糊柔光** 盖印图层，执行"滤镜>模糊>高斯模糊"命令，在弹出的"高斯模糊"对话框中设置参数，单击"确定"按钮。设置图层的混合模式为"柔光"，不透明度为27%。

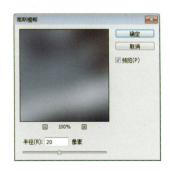

244

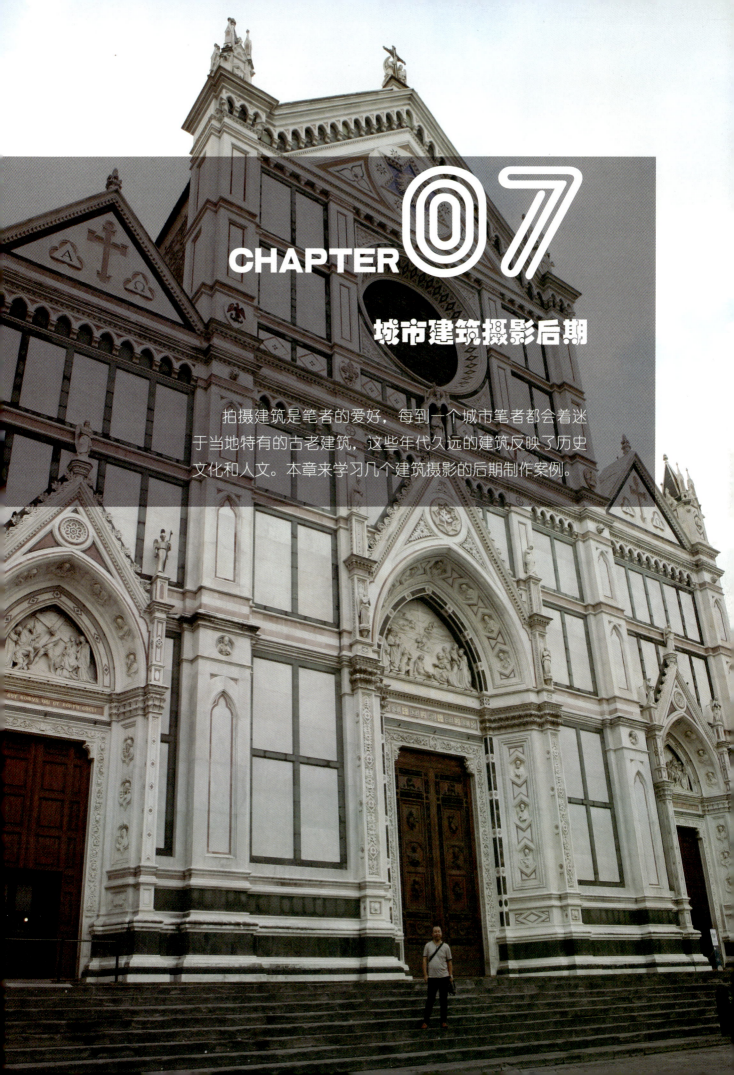

CHAPTER 07

城市建筑摄影后期

拍摄建筑是笔者的爱好,每到一个城市笔者都会着迷于当地特有的古老建筑,这些年代久远的建筑反映了历史文化和人文。本章来学习几个建筑摄影的后期制作案例。

7.1 拍摄技巧链接

1. 拍摄城市风光

城市风光是以街道和建筑物为主的风景，在拍摄时要着重表现它们的特色和繁华场面，这样才有可能反映出各个城市的真实风貌。因为每个城市都有其不同之处，如上海是一个有河堤江岸的城市，堤岸一带高大楼房也比较集中，因此拍摄上海风光，就应选择具有上海特点的外滩来表现。拍摄时，为了使照片能够反映地方特色，摄影师最好去寻找当地的地标性建筑。

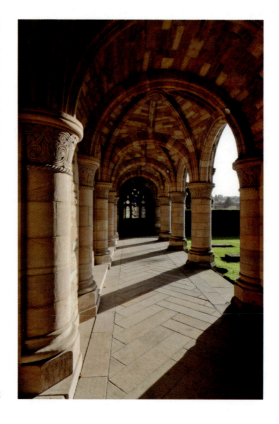

➡ 45mm F8 1/450s ISO100
使用小光圈拍摄保证建筑物前后都是清晰的图像

2. 普通畸变

由于镜头产生的畸变，拍摄建筑物时都会遇到近大远小的透视问题，为了消除这种变形，无论使用专业相机还是普通相机，调整相机的水平及垂直，以及保持相机与建筑物之间有一定的距离，可以有效地还原建筑中多变的线条及复杂的构成。但是这种方法仅仅适合较低的建筑物，如果针对现代城市中的高楼，或在拍摄中由于前景过多的杂物和特殊的地理位置而导致无法退后拍摄时，就需要选用专业移轴相机和镜头进行拍摄。

⬅ 35mm F11 1/500s ISO100
低视角拍摄高大的教堂，产生了透视变化

3. 专业调整水平及垂直

　　移轴镜头可以有效地调整较高建筑物的水平及垂直。除此以外，具有4×5（英寸）以上的底片或具有更大分辨率的数字后背的大画幅相机，除其特性是具有更大的底片和更为清晰的图像外，它还有一个主要的功能就是拍摄建筑。因为其聚焦平面与成像平面的光轴可任意改变位置和角度，从而解决了普通相机拍摄建筑所产生的透视变形问题。因此，大画幅相机能够更好地满足真实还原建筑造型的拍摄效果。此外，大画幅相机可将前景与后景都采用大景深控制，使其保证全部清晰。这也是建筑摄影中常用的技法。

⬆ 35mm F8 1/800s ISO100
普通相机拍摄的建筑有透视变化

⬆ 35mm F8 1/800s ISO100
使用大画幅相机拍摄的建筑横平竖直

4. 近距离透视拍摄

　　通常拍摄建筑物要保证水平及垂直，但是针对一些特殊的建筑物，也可以尽量靠近并用广角拍摄，用近大远小的透视感来增强它的雄伟气势，而不必拘泥于某些特定的法则，以做到活学活用。

⬆ 35mm F11 1/250s ISO100
贴近墙体拍摄，其透视变化是一种很好的构图

⬆ 45mm F8 1/500s ISO100
离建筑物近透视的变化很强烈

7.2 维也纳城市建筑

拍摄背景

拍摄这幅照片时笔者考虑了如下状况：

（1）尽量保证较低的 ISO 感光度，否则过高的感光度会有噪点出现。

（2）快门是否达到安全快门，如果达不到，则需要固定相机（三脚架）。景深要大（使用小光圈保证建筑清晰）。

（3）测光点放在最亮和最暗区域之间，这样不会出现过曝和过暗的死角，以方便后期处理。

相机设置	
文件格式	RAW
感光度 ISO	400
镜头	10mm 广角
光圈	F16
曝光时间	3 秒
对焦	中央矩阵

后期处理思路

核心问题：通过观察，不难发现建筑物略微倾斜且暗部的细节体现得不够完整是这张图存在的比较严重的问题，在色调方面整体画面过于平淡，无法展现出在夜景的映衬下欧式圆顶建筑美轮美奂的视觉效果。除此之外，由于缺乏立体感照片中欧式建筑的主体地位并不突出。处理步骤如下所示。

（1）倾斜建筑物的水平校正以及暗部细节的提取：通过旋转的方式来校正建筑物的水平之后，需要把重点放在图像暗部细节的提取上，在本案例中选择了滤色的方式来提亮过暗的部分，使画面的细节全部呈现出来。

（2）基础上色：为了展现在夜幕的映衬下欧式圆顶建筑的金碧辉煌，在色调方面主要选择了蓝色和黄色。蓝色可以体现出夜幕的低垂与宁静，黄色则将圆顶建筑的恢弘气势展现得淋漓尽致。

（3）光影的重塑以及立体感的加强：在后期的修调中通过压暗四周的环境并适度提亮建筑使得画面的主体感更加突出。在具体的操作过程中主要选择了通过建立中灰图层并结合画笔工具的方式来手动重塑画面的立体感。

心得感悟：

　　色调的选取可以作为这张图后期制作中的一个重要环节。因为是夜景，于是选择了视觉冲击力较强的蓝色和黄色作为主色调，用偏冷偏暗的蓝色来表现夜的宁静，用黄色来体现圆顶建筑在夜幕中灯光的映衬下金碧辉煌的气势。最后通过锐化处理使整体画面更加清晰与立体。

后期制作过程

原始文件：Chapter 07/Media/7-2.jpg　　　　最终文件：Chapter 07/Complete/7-2.psd

01 打开文件并复制"背景"图层 执行"文件>打开"命令,在弹出的"打开"对话框中选择 14.1.jpg 文件,单击将其拖曳到页面中并调整其位置。按 Ctrl+J 组合键对"背景"图层进行复制,将复制的图层命名为"背景 复制"图层。

02 水平校正 按 Ctrl+J 组合键复制图层,将复制的图层命名为"水平校正"图层,将该图层进行旋转处理,使建筑物处于水平方向。

03 提亮暗部区域 单击工具箱中的"魔棒工具"按钮,设置容差值为 30,对画面中暗部区域进行点选。按 Ctrl+J 组合键对所选区域进行复制。将该复制图层的混合模式更改为"滤色","不透明度"调整为 87%。单击"图层"面板下方的"添加图层蒙版"按钮,添加图层蒙版。单击工具箱中的"画笔工具"按钮,擦除图像中不需要作用的部分。

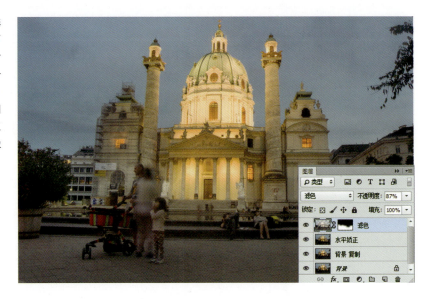

250

04 提亮天空部分 单击"图层"面板下方的"创建新的填充或调整图层"按钮，在弹出的下拉菜单中选择"色阶"选项并对其参数进行设置，提亮天空的区域，使得整体画面看起来更加通透。再用画笔工具擦除图像中不需要作用的部分。

05 为天空部分加色 按 Ctrl+Shift+N 组合键新建图层，将新建的图层命名为"加色"。将前景色设置为蓝色后按 Alt+Delete 组合键进行填充。按下 Alt 键同时为该图层添加反向蒙版，再用画笔工具擦除图像中不需要作用的部分。

06 局部亮度的调整 单击"图层"面板下方的"创建新的填充或调整图层"按钮，在弹出的下拉菜单中选择"曲线"选项并对其参数进行设置，提亮天空的部分区域，使其更有层次感。再用画笔工具擦除图像中不需要作用的部分。

251

07 调整红色调 单击"图层"面板下方的"创建新的填充或调整图层"按钮，在弹出的下拉菜单中选择"可选颜色"选项，在"颜色"下拉列表中选择红色，对其参数进行调整。

08 调整黄色调 继续在"颜色"下拉列表中选择黄色，对其参数进行调整。

09 调整绿色调 继续在"颜色"下拉列表中选择绿色，对其参数进行调整。

⑩ **调整青色调** 继续在"颜色"下拉列表中选择青色,对其参数进行调整。

⑪ **调整蓝色调** 继续在"颜色"下拉列表中选择蓝色,对其参数进行调整。

⑫ **红色通道的调整** 单击"图层"面板下方的"创建新的填充或调整图层"按钮,在弹出的下拉菜单中选择"曲线"选项,选择"红"通道,对其参数进行调整。

⓭ 绿色通道的调整 继续在"属性"面板中选择"绿"通道，对其参数进行调整。

⓮ 蓝色通道的调整 继续在"属性"面板中选择"蓝"通道，对其参数进行调整。再用画笔工具擦除图像中不需要作用的部分。

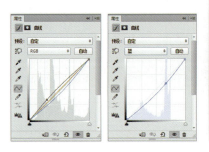
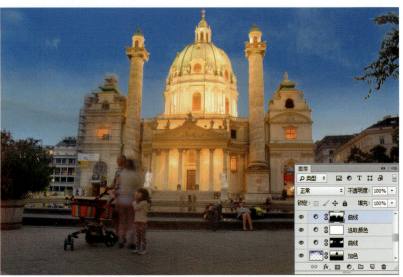

⓯ 建筑物颜色的调整 单击"图层"面板下方的"创建新的填充或调整图层"按钮，在弹出的下拉菜单中选择"可选颜色"选项并对其参数进行设置，使建筑物呈现出偏红的色调。再用画笔工具擦除图像中不需要作用的部分。

⓰ **天空亮度的调整** 单击"图层"面板下方的"创建新的填充或调整图层"按钮 ，在弹出的下拉菜单中选择"可选颜色"选项，在"颜色"下拉列表中选择"中性色"并对其参数进行设置，提亮天空的局部区域。再用画笔工具擦除图像中不需要作用的部分。

⓱ **50%灰压暗天空部分** 执行"文件>新建"命令（快捷键Ctrl+N），在弹出的"新建"对话框中设置参数后将前景色分别设置为黑色和白色，用画笔工具加强天空部分的立体感。

⓲ **天空色相/饱和度的调整** 单击"图层"面板下方的"创建新的填充或调整图层"按钮 ，在弹出的下拉菜单中选择"色相/饱和度"选项并对其参数进行设置，适度降低天空的明艳程度。

⑲ **图像整体亮度的调整** 单击"图层"面板下方的"创建新的填充或调整图层"按钮，在弹出的下拉菜单中选择"色阶"选项并对其参数进行设置，提亮整体画面，使其看起来更加通透。

⑳ **绿色通道的调整** 单击"图层"面板下方的"创建新的填充或调整图层"按钮，在弹出的下拉菜单中选择"曲线"选项，选择"绿"通道，对其参数进行调整。

㉑ **蓝色通道的调整** 继续在"属性"面板中，选择"蓝"通道，对其参数进行调整。

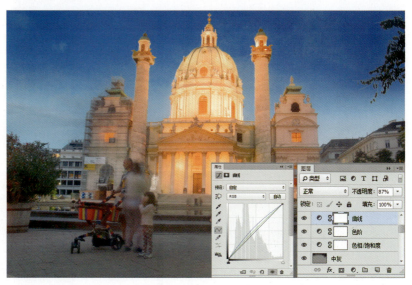

256

㉒ 锐化图像 执行"滤镜>锐化>USM 锐化"命令,在弹出的"USM 锐化"对话框中对其参数进行设置后单击"确定"按钮,使其看起来更加清晰与立体。

㉓ 还原建筑物细节部分 单击"图层"面板下方的"创建新的填充或调整图层"按钮，在弹出的下拉菜单中选择"曲线"选项，压暗曲线来还原建筑物细节的部分，使其看起来更加通透与精致。按Ctrl+I组合键添加反向蒙版，再用画笔工具擦出图像中需要作用的部分，最终效果如下图所示。

7.3 意大利古城堡

这是一幅关于古建筑的画面，在后期的处理中将侧重点放在了色调以及对比的处理上。通过分区的方式对画面中的饱和度进行不同程度的降低，使画面看起来更加干净。另外，还通过大幅增加对比度来凸显建筑本身的沧桑与厚重。最终一幅高反差、低饱和的古城堡画面就算完成了。

| 原始文件：Chapter 07/Media/7-3.jpg | 最终文件：Chapter 07/Complete/7-3.psd |

01 打开文件 执行"文件>打开"命令，或按 Ctrl+O 组合键，打开素材文件 7-3.jpg。拖曳"背景"图层到"图层"面板下方的"创建新图层"按钮上，新建"背景 复制"图层，如下图所示。

02 去色 将"背景 复制"图层的图层名称修改为"去色"，按 Ctrl+Shift+U 组合键进行去色，并将该图层的不透明度调整为 65%，效果如下图所示。

03 提亮画面 单击"图层"面板下方的"创建新的填充或调整图层"按钮 ◐，在弹出的下拉菜单中选择"曲线"选项，设置参数，将画面提亮，效果如下图所示。

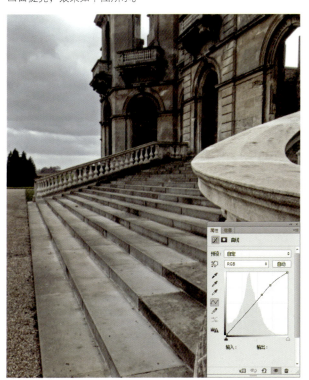

04 调整色调 继续添加"曲线"调整图层，设置曲线参数，调整图像色调，效果如下图所示。

05 隐藏部分曲线效果 选择该"曲线"图层蒙版，按 Ctrl+I 组合键进行反向，利用白色柔角画笔在画面上涂抹，只显示部分曲线效果。

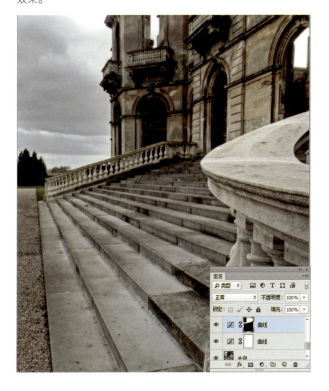

06 调整色调 继续添加"曲线"调整图层，设置曲线参数，将曲线效果只应用于部分图像，并将该图层的不透明度调整为 74%。

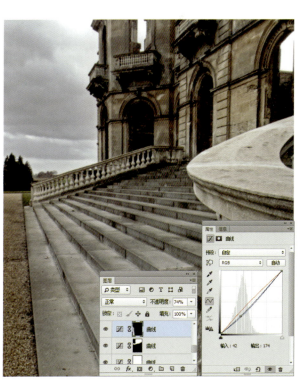

07 调整"红"通道 盖印可见图层，在"通道"面板中选择"红"通道，对"红"通道进行复制。选择复制的"红 拷贝"通道，按 Ctrl+L 组合键，在弹出的"色阶"对话框中设置色阶参数。

08 调整色调 按住 Ctrl 键单击"红 拷贝"通道的缩览图，为其创建选区，按 Ctrl+C 组合键进行复制，回到"图层"面板，按 Ctrl+V 组合键将选区内的"红 拷贝"通道复制到一个新的图层里即"加色"图层。继续按住 Ctrl+D 组合键，单击"加色"图层的缩览图为其创建选区，设置前景色为蓝色（R：171，G：205，B：255），按 Alt+Delete 组合键为其填充颜色，按 Ctrl+D 组合键取消选区。

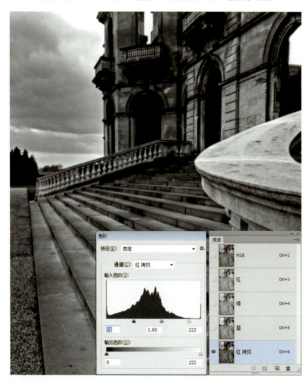

09 添加图层蒙版 选择"加色"图层，按住 Alt 键单击"图层"面板下方的"添加图层蒙版"按钮，为其添加反向蒙版。利用白色柔角画笔在天空上涂抹，使图像只显示部分效果。

10 调整混合模式 将"加色"图层的混合模式调整为"颜色"，效果如下图所示。

⑪ **调整色调** 单击"图层"面板下方的"创建新的填充或调整图层"按钮，在弹出的下拉菜单中选择"可选颜色"选项，设置参数，对图像色调进行调整，效果如下图所示。

⑫ **调整色调** 继续添加"色相/饱和度"调整图层，设置参数，对图像色调进行调整，利用画笔隐藏部分调色效果，效果如下图所示。

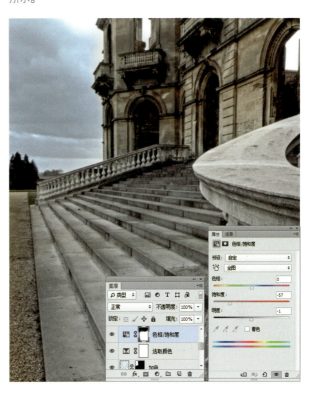

⑬ **提亮画面** 继续添加"曲线"调整图层，设置参数，对图像进行提亮，利用画笔隐藏部分曲线效果，效果如下图所示。

⑭ **锐化图像** 执行"滤镜>锐化>USM锐化"命令，在弹出的"USM锐化"对话框中设置参数，对图像进行锐化。

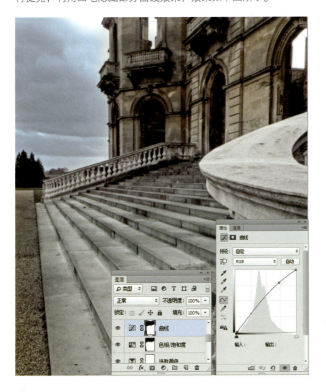

⓯ **模糊画面** 继续盖印可见图层，将盖印的图层名称修改为"加深颜色"。执行"滤镜>模糊>高斯模糊"命令，在弹出的"高斯模糊"对话框中设置参数，单击"确定"按钮。

⓰ **加深颜色** 在"图层"面板中将该图层的混合模式调整为"柔光"，不透明度调整为71%，并为其添加图层蒙版，利用黑色柔角画笔将部分加深效果进行隐藏。

⓱ **压暗四周** 添加"曲线"调整图层，设置曲线参数，将图像压暗。选择"曲线"图层蒙版，利用黑色柔角画笔将图像中心的压暗效果进行隐藏，效果如下图所示。

⓲ **提亮中心** 添加"曲线"调整图层，设置曲线参数，将图像提亮。选择"曲线"图层蒙版，利用黑色柔角画笔将图像四周的提亮效果进行隐藏，最终效果如下图所示。

CHAPTER 08

山脉摄影后期

山脉是摄影爱好者拍摄较多的题材，拍摄山脉要注意多用质感对比（石头和水）、空间对比（山脉主体和天空）、光线对比（比如阳光照射在山峰时）的方式来表现山脉。后期修片时可以通过适当增加画面锐度来体现山脉硬朗的形态。

8.1 拍摄技巧链接

1. 山脉的构图练习

拍摄山脉多以曲线进行构图。早晨和傍晚的山脉最为神圣，而且容易拍出层次感。这时候由于空气中的湿度高，再加上空气中的尘埃和水汽的折射，远处山脉和近处山脉的透视变化在逆光状态下变得非常明显，有利于拍摄出丰富的层次。尤其是在日出日落的时候，如果有朝霞或晚霞，那更是难得的镜头。也有人认为拍摄日出日落是为了拍摄太阳，其实这是误解。由于这段时间的色温低，可以利用日出或日落时的太阳作为辅助对象将壮观的山景表现出来。

⬆ 70mm F11 1/450s ISO100
竖直拍摄表现延伸的空间感

2. 拍出山雨欲来的氛围

面对大自然千变万化的景物和天气，任何人都不能准确说明对应的每一种情况应该怎么拍摄，根据平常拍摄的经验读者应学会探究，在保证曝光的基础上多次拍摄。

对于下图中的景象，拍摄时首先应该想到应该表现何种气氛。使用三脚架、小光圈、慢速快门进行曝光，曝光时可以适当减少曝光量，构图时可体现某些艺术绘画效果，这样所拍摄的景物气氛会更加浓重。

⬅ 85mm F11 1/400s ISO100
天空与山尖在远处相接，具有火山喷发的气势

8.2 劳特布龙嫩山区景色

拍摄背景

劳特布龙嫩是瑞士伯恩州烟特勒根区的一个小镇。我们坐着缆车从少女峰地区的西面山崖上浏览山间的风光。这里有多条瀑布和小河。缆车从山间的村子上空滑过，在饱览伯尔尼高地的雄伟风光的同时按下快门，此时空气中布满了云雾，湿度很大。为了能够拍摄到浓郁的色调，我将曝光度减小了一挡。

拍摄设备

相机机身	Canon EOS 5D
镜头	徕卡 R180mm F2.8
三脚架	BENRO 百诺
偏振镜	B+W Xpro CPL
遥控快门	TC-80N3

后期处理思路

核心问题：原图主要存在曝光不足、饱和度过低且整体层次感与立体感不强等问题。除此之外由于色彩过于平淡，整体画面给人以比较阴郁的视觉效果。因此在后期的修调过程中主要从提高亮度、对比度以及增强色彩的饱和度这几个方面来着手，最终将云雾缭绕下青山、绿地、村落相映衬的美景展现在读者面前。希望通过这一案例的学习，读者可以学会如何通过后期的修调使一张原本平淡的外景展现出其应有的色彩与较强的立体感。处理步骤如下所示。

（1）亮度、饱和度的初步调整：在原图的基础上略微提高其亮度与饱和度，使画面看起来不那么灰暗。应注意调整的力度，主要原则是不可以失去云层部分的层次。

（2）整体颜色的调整：对画面的整体颜色进行初调，使远处的山峦呈现出偏青的色调。与此同时进一步增加画面主体部分的饱和度，使其看起来更加醒目。

（3）分部加色：整体色调确定之后需要做的就是针对画面中存在的各个细节部分进行加色处理。在这里主要表现在草地部分以及屋顶部分颜色的转换。这样做的最大优势在于使得平淡的画面变得更加丰富多彩。

CHAPTER 08 山脉摄影后期

（4）暗部细节的提取：在画面中远山以及树木的部分由于光线过暗的原因使一些细节的层次不能很好地展现出来，因此可以通过提亮的方式来还原暗部的一些细节，使得画面的层次更加丰富。

（5）整体对比度的加强：最后需要在画面的层次感以及立体感上下一番功夫，只有这样片子才会更加形象生动。在这里主要采用了压暗四周提亮画面主体的方式来实现其立体感。

后期制作过程

本次实例中的照片是优美的大自然风光照片，画面整体效果不好，其中天空色调阴沉，阜地颜色暗淡，河流看起来不够清澈，可以通过后期处理来改善画面效果。使用色彩调整工具调整画面中的色调，使天空更晴朗、河流更清澈。

| 原始文件：Chapter 08/Media/8-2.jpg | 最终文件：Chapter 08/Complete/8-2.psd |

267

① **打开文件** 执行"文件>打开"命令，在弹出的"打开"对话框中选择 8-2.jpg 文件，单击将其拖曳到页面中并调整其位置。按 Ctrl+J 组合键对"背景"图层进行复制，将复制的图层命名为"背景 复制"图层。

② **适当增加图像的饱和度** 单击"图层"面板下方的"创建新的填充或调整图层"按钮，在弹出的下拉菜单中选择"色相/饱和度"选项，对其参数进行设置，适当提高画面的明艳度。

③ **增强画面的对比度** 按 Ctrl+Shift+N 组合键新建图层，将新建的图层命名为"加对比"。将前景色设置为黑色后按 Alt+Delete 组合键对该图层进行填充。在"图层"面板中将该图层的混合模式更改为"柔光"后为该图层添加蒙版，并用画笔工具擦除图像中不需要作用的部分。

④ **调整图像亮度** 单击"图层"面板下方的"创建新的填充或调整图层"按钮，在弹出的下拉菜单中选择"色阶"选项，对其参数进行设置，适当提高天空、房屋等区域的亮度，使画面看起来更加亮丽。再用画笔工具擦除图像中不需要作用的部分。

268

05 适当调整图像的亮度 单击"图层"面板下方的"创建新的填充或调整图层"按钮，在弹出的下拉菜单中选择"曲线"选项，对其参数进行设置，适度提高整体画面的亮度，使其看起来更加通透。再用画笔工具擦除图像中不需要作用的部分。

06 调整红色调 单击"图层"面板下方的"创建新的填充或调整图层"按钮，在弹出的下拉菜单中选择"可选颜色"选项，在"颜色"下拉列表中选择红色，对其参数进行调整。

07 调整黄色调 继续在"颜色"下拉列表中选择黄色，对其参数进行调整。

08 调整绿色调 继续在"颜色"下拉列表中选择绿色，对其参数进行调整。

09 调整青色调 继续在"颜色"下拉列表中选择青色，对其参数进行调整。

10 调整蓝色调 继续在"颜色"下拉列表中选择蓝色，对其参数进行调整。

11 调整白色调 调继续在"颜色"下拉列表中选择白色，对其参数进行调整。

12 手动塑造天空区域的立体感 按Ctrl+Shift+N组合键新建图层，将新建的图层命名为"中灰"，在弹出的"新建图层"对话框中对其参数进行设置后单击"确定"按钮。将前景色分别设置为黑色和白色，用画笔工具对画面进行加深与减淡的处理。

⑬ **草地区域增加黄色调** 单击"图层"面板下方的"创建新的填充或调整图层"按钮，在弹出的下拉菜单中选择"曲线"选项，对其参数进行设置，为草地部分添加少许黄色调。用画笔擦除图像中不需要作用的部分。

⑭ **画面整体亮度的提升** 单击"图层"面板下方的"创建新的填充或调整图层"按钮，在弹出的下拉菜单中选择"曲线"选项，对其参数进行设置，提高整体画面的亮度。再用画笔擦除图像中不需要作用的部分。

⑮ **红色通道的调整** 单击"图层"面板下方的"创建新的填充或调整图层"按钮，在弹出的下拉菜单中选择"曲线"选项，选择"红"通道，对其参数进行调整。

⑯ **蓝色通道的调整** 继续在"属性"面板中选择"蓝"通道，对其参数进行调整。

⓱ **房顶部分亮度的提高** 单击"图层"面板下方的"创建新的填充或调整图层"按钮，在弹出的下拉菜单中选择"曲线"选项，对其参数进行设置，提高房顶部分的亮度。再用画笔擦除图像中不需要作用的部分。

⓲ **天空部分略微添加黄色调** 单击"图层"面板下方的"创建新的填充或调整图层"按钮，在弹出的下拉菜单中选择"曲线"选项，对其参数进行设置，为天空部分添加少许的黄色元素。再用画笔擦除图像中不需要作用的部分。

⓳ **高光部分的再次提亮** 单击"图层"面板下方的"创建新的填充或调整图层"按钮，在弹出的下拉菜单中选择"曲线"选项，对其参数进行设置，进一步提亮画面的高光区域。再用画笔擦除图像中不需要作用的部分。

⓴ **暗部细节的提取** 单击工具箱中的"魔棒工具"按钮，设置容差值为30，对画面中暗部区域进行点选。进行适当的羽化处理后按Ctrl+J组合键对所选区域进行复制，并将复制的图层命名为"滤色"。在"图层"面板中将该图层的混合模式更改为"滤色"，"不透明度"调整为30%。为该图层添加蒙版并用画笔工具擦除图像中不需要作用的部分。

㉑ 适当压暗四周 单击"图层"面板下方的"创建新的填充或调整图层"按钮，在弹出的下拉菜单中选择"曲线"选项，对其参数进行设置，对周围的环境做压暗处理，使得画面的主题突出。再用画笔擦除图像中不需要作用的部分。

㉒ 提亮塔尖部分 单击"图层"面板下方的"创建新的填充或调整图层"按钮，在弹出的下拉菜单中选择"曲线"选项，对其参数进行设置，对塔尖进行提亮，使其细节部分体现得更加完整。再用画笔擦除图像中不需要作用的部分。

㉓ 提亮草地部分 单击"图层"面板下方的"创建新的填充或调整图层"按钮，在弹出的下拉菜单中选择"色阶"选项，对其参数进行设置，再用画笔擦除图像中不需要作用的部分，再次提亮草地部分。

㉔ 加对比 盖印可见图层，按 Ctrl+J 组合键对图层进行复制，并将复制的图层命名为"模糊 柔光"图层。在"图层"面板中将该图层的混合模式更改为"柔光"，不透明度为 10%。

273

㉕ **整体亮度的调节** 单击"图层"面板下方的"创建新的填充或调整图层"按钮，在弹出的下拉菜单中选择"色阶"选项，对其参数进行设置，再次提亮整体画面的亮度。再用画笔擦除图像中不需要作用的部分。

㉖ **锐化** 执行"滤镜 > 锐化 >USM 锐化"命令，在弹出的"USM 锐化"对话框中对其参数进行设置后单击"确定"按钮，使整体图像看起来更加清晰、立体。

8.3 梅里雪山下的河道

原图中天空部分饱和度过低且整体的对比度远远不够，使画面美感大打折扣。在后期的处理中将天空部分的色调转换为偏蓝色，使画面看起来更加纯净。另外通过整体对比度的加强以及远处山脉锐度的增加，使细节部分更加清晰、立体。

原始文件：Chapter 08/Media/8-3.jpg　　　　　最终文件：Chapter 08/Complete/8-3.psd

01 打开文件 执行"文件>打开"命令，或按 Ctrl+O 组合键，打开素材文件 8-3.jpg。拖曳"背景"图层到"图层"面板下方的"创建新图层"按钮上，新建"背景 复制"图层，如下图所示。

02 调整红色调 单击"图层"面板下方的"创建新的填充或调整图层"按钮，在弹出的下拉菜单中选择"曲线"选项，设置"红"通道的参数，效果如右图所示。

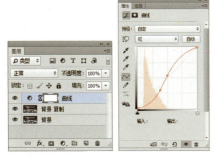

03 调整绿色调 继续在"属性"面板中设置"绿"通道的参数，效果如右图所示。

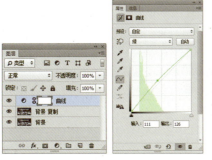

04 调整蓝色调 继续在"属性"面板中，设置"蓝"通道的参数，效果如右图所示。

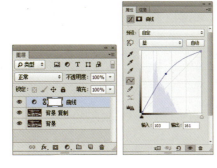

05 **将曲线效果只应用于天空** 选择"曲线"图层蒙版，按 Ctrl+I 组合键进行反向，利用白色柔角画笔在天空上进行涂抹，使效果只应用于天空。

06 **调整曲线** 继续添加"曲线"调整图层，设置参数。选择"曲线"图层蒙版，将其反向利用白色柔角画笔在图像上涂抹，效果如右图所示。

07 **填充渐变** 新建"加深"图层，单击工具箱中的"渐变工具"按钮，设置渐变为黑色到透明渐变，利用鼠标在图像上从上往下进行拖曳，为其填充渐变。设置该图层的混合模式为"柔光"，不透明度为 97%。

08 调整"红"通道 在"通道"面板中选择"红"通道,对"红"通道进行复制。选择复制的"红 拷贝"通道,按 Ctrl+L 组合键,在弹出的"色阶"对话框中设置参数。

09 调整色调 按住 Ctrl 键单击"红 拷贝"通道的缩览图,为其创建选区。回到"图层"面板,单击"图层"面板下方的"创建新的填充或调整图层"按钮,设置曲线参数。选择"曲线"图层蒙版,单击工具箱中的"渐变工具"按钮,在选项栏中单击"点按可编辑渐变"按钮,在弹出的"渐变编辑器"中设置颜色为黑色到透明,单击"确定"按钮。利用鼠标在画面上进行拖曳,隐藏部分曲线效果,效果如右图所示。

10 增强立体感 执行"图层 > 新建 > 图层"命令,在弹出的"新建图层"对话框中设置图层名称为"中灰",混合模式为"柔光",勾选"填充柔光中性色"选项,单击"确定"按钮。利用黑色柔角画笔,降低画笔不透明度,在图像上进行涂抹,使画面更加立体。为该图层添加图层蒙版,利用黑色柔角画笔在画面上涂抹,隐藏部分效果。

278

⓫ **提亮画面** 添加"曲线"调整图层，设置曲线参数，将画面提亮，效果如右图所示。

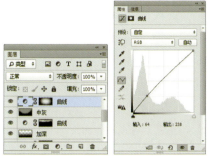

⓬ **锐化图像** 盖印可见图层，将盖印的图层名称修改为"锐化"。执行"滤镜＞锐化＞USM锐化"命令，在弹出的"USM锐化"对话框中设置锐化参数，效果如右图所示。

⓭ **调整亮度/对比度** 添加"亮度/对比度"调整图层，设置参数，最终效果如右图所示。

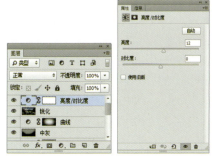

CHAPTER 09

人文生态 & 街拍摄影后期

摄影并不全都是拍摄气势磅礴的风光大片或模特美女，也可以拍摄身边的小景致、小环境，比如一花一木、小街一角或某一有趣的瞬间、某一有趣构图等。往往这些小中见大的景物更能够反映我们熟悉的环境，更贴近我们的生活。

9.1 拍摄技巧链接

1. 抓拍练习

在拍摄这类照片时，在具有场景环境和情节的情况下进行抓拍就不会显得死板、生硬。拍摄时，选择长焦镜头或变焦镜头的长焦端，这样可以保证拍摄者与被摄对象之间保持一定的距离，以免影响被摄对象的活动。

➡ 抓拍人物的表情、神态

2. 跟拍练习

跟拍是人文纪实摄影中的一种拍摄方式。它围绕一个被摄主体进行跟踪拍摄，目的一般是完成一个纪实的图片故事或一个专题报道。

准备一款变焦镜头，将相机曝光模式转到"程序曝光"进行待机，以提高反应速度。这样在跟拍选定对象时，摄影师随时可以举起相机进行拍摄。

⬆ 跟随工地上的一群人，在各种角度进行拍摄

⬆ 跟随演奏者进行拍摄

3. 盲拍练习

关于人文纪实摄影，需要摄影师有思想性的拍摄，然后利用相机的镜头去表现其思想。有时候人难免会有思想空白的情况，这时就不利于拍摄纪实内容的照片，但是可以盲拍一些照片，然后从这些照片中寻找出线索，找出一些符合拍摄思想的照片。盲拍的好处就是不用通过人眼观察后取景，只要将镜头大概朝向某一区域，然后按下快门按钮拍摄。采用这种方法拍摄时，需要使用广角镜头，将更多的景物摄入画面，然后在画面中寻找精彩的亮点进行裁切。

⬆ 盲拍手动预估对焦

9.2 佛罗伦萨小街一角

拍摄背景

傍晚时分我从酒店出来散步，佛罗伦萨这个城市里的居民都非常悠闲，跟快节奏的生活完全是两种境界。大街上有很多人在闲聊或慢悠悠地做着手工艺品。感觉这里人们很有艺术品位，小店门口随便布置一下都非常有情调。城市的古老建筑保护得也非常完好，在这座拥有古典外表的城市里，可以享受到世界上最时尚前卫的生活。

拍摄设备

相机机身	Canon EOS 5D
镜头	24–70mm F2.8
三脚架	BENRO 百诺
偏振镜	B+W Xpro CPL

后期处理思路

核心问题：原图中主要存在着天空部分没有任何的细节层次，整体色调过于平淡的问题。针对上述情况在后期的调整过程中除了添加天空的素材并对其进行局部调色之外，在整体色调上将其处理成了以黄绿色为主，饱和度偏低的风格，使街景更加时尚。处理步骤如下所示。

（1）天空素材的添加：原图中天空部分没有任何的层次，为了使整体画面更加唯美，首先需要做的是为该街景添加蓝天的素材。

（2）整体颜色的调整：为了展现街景的时尚，主要通过添加照片滤镜的方式对整体画面进行加色处理。在色调处理上则选择以黄绿为主的颜色，并适当地降低其饱和度使街景既具有时尚的元素，看起来又不会过于明艳。

（3）分区调色：整体色调确定之后，用分区调色的方法对画面中建筑的部分进行微调，使整体画面在色调统一的前提下又不失细节。

（4）光影重塑增强立体感：为了使画面的主体突出通常采用压暗四周而提亮主体的方法来加强画面主体部分的视觉冲击力。除此之外最后的锐化也是不可或缺的一个环节，通过对图像的锐化处理使整体画面更加清晰与立体。最终一幅精致唯美的街景展现在了读者的面前。

后期制作过程

原始文件：Chapter 09/Media/9-2.jpg　　　　最终文件：Chapter 09/Complete/9-2.psd

01 打开文件并复制"背景"图层 执行"文件 > 打开"命令，在弹出的"打开"对话框中选择 9-2.jpg 文件，单击将其拖曳到页面中并调整其位置。按 Ctrl+J 组合键对"背景"图层进行复制，将复制的图层命名为"背景 复制"图层。

02 天空素材的添加 执行"文件 > 打开"命令，在弹出的"打开"对话框中选择天空 .jpg 文件，单击将其拖曳到页面中并调整其位置。在"图层"面板中为该图层添加蒙版，并用画笔工具擦除图像中不需要作用的部分。

03 绿色通道的调整 单击"图层"面板下方的"创建新的填充或调整图层"按钮，在弹出的下拉菜单中选择"曲线"选项，选择"绿"通道，对其参数进行调整，并使该调整图层仅作用于天空的部分。

04 蓝色通道的调整 继续在"属性"面板中，选择"蓝"通道，对其参数进行调整，并使该调整图层仅作用于天空的部分。

05 适当压暗天空的亮度 单击"图层"面板下方的"创建新的填充或调整图层"按钮，在弹出的下拉菜单中选择"曲线"选项，对其参数进行设置，并使该调整图层仅适用于天空的部分，适当地压暗天空的亮度，使其层次更加丰富。

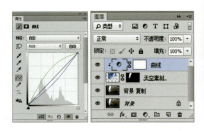

06 适当降低天空的饱和度 单击"图层"面板下方的"创建新的填充或调整图层"按钮，在弹出的下拉菜单中选择"自然饱和度"选项，对其参数进行设置，并使该调整图层仅作用于天空的部分，适度地降低天空部分的饱和度，使其看起来更加柔和唯美。

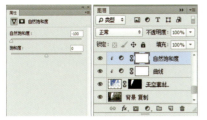

07 照片滤镜处理 通过照片滤镜的方式为图像上色。单击"图层"面板下方的"创建新的填充或调整图层"按钮，在弹出的下拉菜单中选择"照片滤镜"选项，对其参数进行设置，并使该调整图层仅作用于天空的部分，使画面呈现出偏绿的色调。

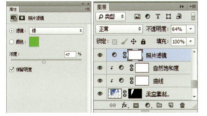

08 调整红色调 单击"图层"面板下方的"创建新的填充或调整图层"按钮，在弹出的下拉菜单中选择"可选颜色"选项，在"颜色"下拉列表中选择红色，对其参数进行调整。

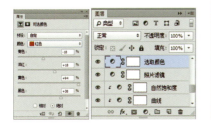

⑨ **调整黄色调** 继续在"颜色"下拉列表中选择黄色,对其参数进行调整。

⑩ **调整绿色调** 继续在"颜色"下拉列表中选择绿色,对其参数进行调整。

⑪ **调整青色调** 继续在"颜色"下拉列表中选择青色,对其参数进行调整。

⑫ **地面色调的调整** 单击"图层"面板下方的"创建新的填充或调整图层"按钮，在弹出的下拉菜单中选择"曲线"选项，对其参数进行设置，用画笔工具擦除图像中不需要作用的部分。

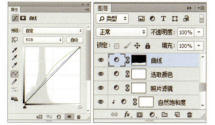

⑬ **绿色通道的调整** 在"属性"面板中选择"绿"通道，对其参数进行调整。

⑭ **蓝色通道的调整** 在"属性"面板中选择"蓝"通道，对其参数进行调整。

⑮ **调整红色调** 单击"图层"面板下方的"创建新的填充或调整图层"按钮，在弹出的下拉菜单中选择"可选颜色"选项，在"颜色"下拉列表中选择红色，对其参数进行调整。

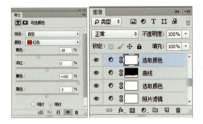

⑯ **调整黄色调** 继续在"颜色"下拉列表中选择黄色，对其参数进行调整。

⑰ **调整绿色调** 继续在"颜色"下拉列表中选择绿色，对其参数进行调整。

⓲ **压暗天空部分** 单击"图层"面板下方的"创建新的填充或调整图层"按钮，在弹出的下拉菜单中选择"曲线"选项，对其参数进行设置，再用画笔擦除图像中不需要作用的部分。

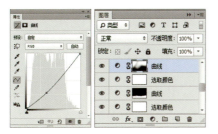

⓳ **50%灰加强图像的立体感** 执行"文件>新建"命令（快捷键Ctrl+N），在弹出的"新建"对话框中设置参数后将前景色分别设置为黑色和白色，用画笔工具加强天空部分的立体感。

⓴ **盖印可见图层并锐化处理** 盖印可见图层后执行"滤镜>锐化>USM锐化"命令，在弹出的"USM锐化"对话框中对其参数进行设置后单击"确定"按钮。

㉑ **色相/饱和度的调整** 单击"图层"面板下方的"创建新的填充或调整图层"按钮，在弹出的下拉菜单中选择"色相/饱和度"选项，对其参数进行设置，适当降低图像的饱和度，使整体画面看起来更加柔和。

㉒ **亮度的提高** 单击"图层"面板下方的"创建新的填充或调整图层"按钮，在弹出的下拉菜单中选择"曲线"选项，对其参数进行设置，提高整体画面的亮度。

㉓ **压暗四周的环境** 单击"图层"面板下方的"创建新的填充或调整图层"按钮，在弹出的下拉菜单中选择"曲线"选项，对其参数进行设置，用画笔工具擦除图像中不需要作用的部分。

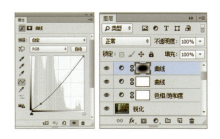

9.3 荷风细雨

拍摄背景

说实话，要不是新买了一支徕卡180mm镜头急于试机，模特又恰好爽约，我是不太会专门跑到公园去拍花卉的。180mm定焦镜头拍出来的画面有一种空气感（空间感），用它拍荷花必须得用三脚架，否则端不稳。我希望拍到荷花羞涩地藏在荷叶下面的感觉，这样画面不会显得太直白，估计这跟我个人性格有关吧。此时天空中飘起了蒙蒙细雨……

拍摄设备

相机机身	Canon EOS 5D
镜头	徕卡 R180mm F2.8
三脚架	BENRO 百诺
偏振镜	B+W Xpro CPL
遥控快门	TC-80N3

后期处理思路

核心问题：这张照片本身的曝光还算准确，并无过曝或者欠曝的情况，并且画面本身的层次感以及细节的保留还是比较完整的。但是需要注意的是，荷花在画面中的主体地位并不十分突出且画面的颜色过于艳丽，因此不能很好地表现出其应有的清新雅致。

为了最大限度地还原制作的过程，将画面的调整图层尽可能完整地保存在文件中。希望读者通过学习，可以有效地掌握高反差、低饱和画面的制作。处理步骤如下所示。

（1）画面视觉中心的转移：作为画面主体的荷花在原图中的视觉效果并不突出，因此需要做的是，通过光影的重塑来压暗四周的环境，并且适当地提亮荷花本身的亮度。使其看起来更加醒目，达到主题突出的目的。

（2）整体色调的转换：通过颜色以及亮度的调整实现了画面整体色调的转变，与此同时还需要适度地加强画面的对比度，降低其饱和度，再通过颜色的调整使其呈现出偏青的视觉效果。最终将一幅淡雅的荷花图呈现在读者的面前。

心得感悟：

　　这是一张以荷花为主题的风景，唯有清新素雅的视觉效果方能体现出荷花的玉洁冰清。因此在后期的色调处理上选择了低饱和、偏青的视觉效果。与此同时为了使画面主体突出则适度地压暗了四周的环境，略微提亮了荷花部分。在荷叶的处理方面选择了通过光影的重塑来表现出其应有的层次感。

后期制作过程

原始文件：Chapter 09/Media/9-3.jpg　　　　　最终文件：Chapter 09/Complete/9-3.psd

> **Tips**　"色彩平衡"调整图层主要是对照片的色彩进行细节调整，增加一些照片中缺少的颜色，或加强一些照片中想要突出的颜色。

① **打开文件** 执行"文件 > 打开"命令，在弹出的"打开"对话框中选择 9-3.jpg 文件，单击将其拖曳到页面中并调整其位置。按 Ctrl+J 组合键对"背景"图层进行复制，将复制的图层命名为"背景 复制"图层。

② **对画面进行适当的去色处理** 通过去色的方式适度地降低图像的饱和度，使其看起来不再明艳。按 Ctrl+Shift+U 组合键对图像进行去色处理，与此同时将该图层的"不透明度"调整为 41%。

③ **色阶的调整** 单击"图层"面板下方的"创建新的填充或调整图层"按钮，在弹出的下拉菜单中选择"色阶"选项，对其参数进行设置，使得整体画面更加立体与通透。

④ **通道复制调色** 通过将"红"通道信息复制于"蓝"通道的方法对图像进行色调的转换。与此同时在"图层"面板中添加图层蒙版，用画笔工具擦除图像中不需要作用的部分，效果如下图所示。

05 对比度的加强 执行"滤镜>模糊>高斯模糊"命令，在弹出的"高斯模糊"对话框中对其参数进行设置后单击"确定"按钮。再将该图层的混合模式更改为"柔光"，不透明度为51%。用画笔工具擦除图像中不需要作用的部分。

06 色相/饱和度的调整 单击"图层"面板下方的"创建新的填充或调整图层"按钮，在弹出的下拉菜单中选择"色相/饱和度"选项，对其参数进行设置，使画面看起来不再那么明艳。

07 50%灰压暗四周 按Ctrl+Shift+N组合键新建图层，将新建的图层命名为"中灰"，在弹出的"新建图层"对话框中对其参数进行设置后单击"确定"按钮。将前景色分别设置为黑色和白色，用画笔工具对画面进行加深与减淡的处理。

08 自然饱和度的降低 单击"图层"面板下方的"创建新的填充或调整图层"按钮，在弹出的下拉菜单中选择"自然饱和度"选项，对其参数进行设置，再将该图层的不透明度调整为90%，使画面看起来更加柔美。

09 提亮画面的主体 单击"图层"面板下方的"创建新的填充或调整图层"按钮，在弹出的下拉菜单中选择"色阶"选项，对其参数进行设置，再用画笔工具擦除图像中不需要作用的部分。

10 调整红色调 单击"图层"面板下方的"创建新的填充或调整图层"按钮，在弹出的下拉菜单中选择"可选颜色"选项，在"颜色"下拉列表中选择红色，对其参数进行调整。

11 调整黄色调 继续在"颜色"下拉列表中选择黄色通道，对其参数进行调整。

12 调整绿色调 继续在"颜色"下拉列表中选择绿色，对其参数进行调整。然后，将该图层的不透明度调整为82%。

⑬ **加强画面的对比度** 通过加深减淡的方式来加强整体画面的对比度，使得图像中该亮的地方亮起来，该暗的地方暗下去。单击工具箱中的加深和减淡工具对画面中荷叶、荷花以及天空的部分进行立体感的塑造。

⑭ **50%灰塑造荷叶的立体感** 按Ctrl+Shift+N新组合键新建图层，将新建的图层命名为"中灰"，在弹出的"新建图层"对话框中对其参数进行设置后单击"确定"按钮。将前景色分别设置为黑色和白色，用画笔工具对画面中荷叶的部分进行加深和减淡的处理。

⑮ **锐化图像** 执行"滤镜>锐化>USM锐化"命令，在弹出的"USM锐化"对话框中对其参数进行设置后单击"确定"按钮，再将该图层的不透明度调整为52%。

⑯ **加强整体画面的对比度** 单击"图层"面板下方的"创建新的填充或调整图层"按钮，在弹出的下拉菜单中选择"渐变映射"选项并对其参数进行设置。然后将该图层的混合模式更改为"柔光"，不透明度调整为23%。用画笔工具擦除图像中不需要作用的部分。

❶⓻ **立体感的塑造** 执行"滤镜>其他>高反差保留"命令，在弹出的"高反差保留"对话框中对其参数进行设置后单击"确定"按钮。在"图层"面板中将该图层的混合模式更改为"线性光"，再用画笔工具擦除图像中不需要作用的部分。

❶⓼ **高斯模糊处理** 执行"滤镜>模糊>高斯模糊"命令，在弹出的"高斯模糊"对话框中对其参数进行设置后单击"确定"按钮，使得画面呈现出近实远虚的效果。

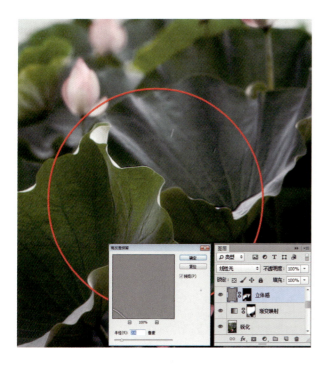

❶⓽ **亮度的调整** 单击"图层"面板下方的"创建新的填充或调整图层"按钮，在弹出的下拉菜单中选择"曲线"选项并对其参数进行设置。

❷⓪ **黄色调的调整** 单击"图层"面板下方的"创建新的填充或调整图层"按钮，在弹出的下拉菜单中选择"可选颜色"选项，在"颜色"下拉列表中选择黄色，对其参数进行调整。

㉑ **绿色调的调整** 继续在"颜色"下拉列表中选择绿色，对其参数进行调整。

㉒ **青色调的调整** 继续在"颜色"下拉列表中选择青色，对其参数进行调整。

㉓ **蓝色调的调整** 继续在"颜色"下拉列表中选择蓝色，对其参数进行调整。

㉔ **洋红色调的调整** 继续在"颜色"下拉列表中选择洋红，对其参数进行调整。

㉕ **白色调的调整** 继续在"颜色"下拉列表中选择白色,对其参数进行调整。

㉖ **中性色的调整** 继续在"颜色"下拉列表中选择中性色,对其参数进行调整。

㉗ **整体色调的调整** 单击"图层"面板下方的"创建新的填充或调整图层"按钮,在弹出的下拉菜单中选择"色彩平衡"选项,对其中的高光和中间调进行调整,再用画笔工具擦除图像中不需要作用的部分,使其呈现出偏青的视觉效果。

㉘ **锐化图像** 执行"滤镜 > 锐化 > USM 锐化"命令,在弹出的"USM 锐化"对话框中对其参数进行设置后单击"确定"按钮,再用画笔工具擦除图像中不需要作用的部分,最终效果如下图所示。

9.4 有趣的街景构图

　　这是一幅关于街景的照片，在后期的处理上主要分为两个方面，一方面是对于画面中多余的人物的修除。另一方面就是对整体色调的转换。通过上述修调最终一幅以棕咖色为主调的有趣的街景就算完成了。

原始文件：Chapter 09/Media/9-4.jpg　　　　　　　最终文件：Chapter 09/Complete/9-4.psd

01 打开文件　执行"文件>打开"命令，或按 Ctrl+O 组合键，打开素材文件 9-4.jpg。拖曳"背景"图层到"图层"面板下方的"创建新图层"按钮上，新建"背景 复制"图层，如下图所示。

02 填补墙面 将复制的"背景"图层名称修改为"填补墙面",单击工具箱中的"矩形选框工具"按钮,在画面中挑选一个完整墙面,进行框选,按住 Alt 键将选区内的图像进行移动复制,对墙壁进行填补。使用同样的方法对其他墙壁进行填补。

03 瑕疵修整 盖印可见图层,将盖印的图层名称修改为"瑕疵修整"。单击工具箱中的"仿制图章工具"按钮,按住 Alt 键在图像上对完好的图像进行取样,松开 Alt 键在墙面下方进行涂抹,使其修补完成,效果如右图所示。

04 地面修补 盖印可见图层,将盖印的图层名称修改为"地面修补",使用上述同样的方法对地面进行修补。

05 调整画面清晰度 继续盖印可见图层，将盖印的图层名称修改为"锐化"。执行"滤镜>锐化>USM 锐化"命令，在弹出的"USM 锐化"对话框中设置锐化参数，提高图像的清晰度，效果如右图所示。

06 降低自然饱和度 单击"图层"面板下方的"创建新的填充或调整图层"按钮，在弹出的下拉菜单中选择"自然饱和度"选项，设置参数，降低自然饱和度，效果如右图所示。

07 调整亮度/对比度 添加"亮度/对比度"调整图层，设置参数，效果如右图所示。

CHAPTER 09 人文生态&街拍摄影后期

08 加色 新建一个"纯色"图层,设置前景色为咖色(R:122,G:110,B:103),按 Alt+Delete 组合键为其填充颜色。将该图层的混合模式调整为"颜色",不透明度调整为 68%。

09 提亮中心 添加"曲线"调整图层,设置曲线参数,将图像提亮。选择"曲线"图层蒙版,利用黑色柔角画面将图像四周的提亮效果进行隐藏,效果如右图所示。

10 压暗四周 添加"曲线"调整图层,设置曲线参数,将图像压暗。选择"曲线"图层蒙版,利用黑色柔角画面将图像中心的压暗效果进行隐藏,效果如右图所示。

 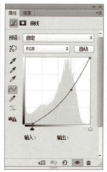

⑪ **调整红色调** 单击"图层"面板下方的"创建新的填充或调整图层"按钮,在弹出的下拉菜单中选择"可选颜色"选项,在"颜色"下拉列表中选择红色,设置参数,如下图所示。

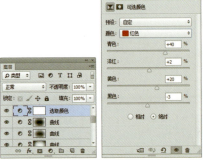

⑫ **调整黄色调** 继续在"颜色"下拉列表中选择黄色,设置参数,如下图所示。

⑬ **调整洋红色调** 继续在"颜色"下拉列表中选择洋红,设置参数,如下图所示。

❶❹ **增强层次感** 执行"图层>新建>图层"命令,在弹出的"新建图层"对话框中设置图层名称为"中灰",混合模式为"柔光",勾选"填充柔光中性色"复选框,单击"确定"按钮。利用黑色柔角画笔,降低画笔不透明度,在图像上进行涂抹,使画面具有层次感。

❶❺ **调整黄色调** 继续添加"可选颜色"调整图层,在"颜色"下拉列表中选择黄色,设置参数,如下图所示。

❶❻ **盖印图层** 按 Ctrl+Shift+Alt+E 组合键盖印可见图层,将盖印的图层名称修改为"效果图",最终效果如右图所示。

9.5 人物街拍

原图中由于逆光的原因致使画面中人物部分过暗，除此之外并无大碍。因此在后期调整中除了大幅提亮画面整体亮度之外还应对人物部分进行色调上的微调，使其肤色部分以及服装的部分呈现出正常的颜色。调整的最终目的是使人物从画面中凸显出来，使其更加醒目。

原始文件：Chapter 09/Media/9-5.jpg　　　　最终文件：Chapter 09/Complete/9-5.psd

01 打开文件 执行"文件>打开"命令，在弹出的"打开"对话框中打开素材文件，按 **Ctrl+J** 组合键复制"背景"图层。

02 瑕疵修复 再次复制"背景"图层，单击工具栏中的"图章工具"按钮，调整图章工具笔触大小，按住 **Alt** 键在画面中与瑕疵相邻的无瑕疵处单击，然后在画面中瑕疵处单击修复瑕疵，多次单击直至瑕疵修复完成。

03 载入暗部选区 按 Ctrl+Alt+2 组合键载入图像中的亮部选区，再按 Ctrl+Shift+I 组合键反向载入图像暗部选区。

04 滤色 按 Ctrl+J 组合键复制选区内内容，设置图层的混合模式为"滤色"，提亮图像暗部。再次复制"滤色"图层，设置图层的不透明度为 78%。

05 压暗四周 单击"图层"面板下方的"创建新的填充或调整图层"按钮，在弹出的下拉菜单中选择"曲线"选项，在弹出的"属性"面板中调整曲线。选中"曲线"图层蒙版为其填充黑色，选择白色柔角画笔在画面四周涂抹，压暗图像四周。

06 提亮主体 添加"曲线"调整图层,在弹出的"属性"面板中调整曲线。选中"曲线"图层蒙版为其填充黑色,选择白色柔角画笔在画面中人物及人物周围涂抹,提亮主体。

07 曲线提亮 添加"曲线"调整图层,在弹出的"属性"面板中调整曲线。选中"曲线"图层蒙版为其填充黑色,选择白色柔角画笔在画面中人物脸部、脖子皮肤以及黄色衣服处涂抹,提亮这部分图像。

08 色阶提亮 添加"色阶"调整图层,在弹出的"属性"面板中调整曲线,复制上一"曲线"图层蒙版,提亮图像。

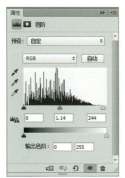

09 塑造光影 新建图层，为图层填充中灰色（R：128，G：128，B：128），设置图层的混合模式为"柔光"。选择黑色柔角画笔和白色柔角画笔在画面中涂抹塑造光影。

10 轻微磨皮 盖印图层，执行"滤镜>Imagenomic>Portraiture"命令，在弹出的"Portraiture"对话框中设置参数，单击"确定"按钮，完成轻微磨皮。

11 锐化眼睛 单击工具栏中的"套索工具"按钮，在画面中圈选出人物眼睛区域，载入选区，按 Ctrl+J 组合键复制选区。执行"滤镜>锐化>USM 锐化"命令，在弹出的"USM 锐化"对话框中设置参数，单击"确定"按钮。

⓬ **添加可选颜色** 添加"可选颜色"调整图层，在弹出的"属性"面板中设置参数。选中"可选颜色"图层蒙版，选择黑色画笔在画面左侧房屋处涂抹。

⓭ **继续设置参数** 继续在弹出的"属性"面板中设置可选颜色参数，调整对应颜色的色调。

⓮ **调整图像的亮度/对比度** 添加"亮度/对比度"调整图层，在弹出的"属性"面板中设置参数，调整图像的亮度/对比度。

9.6 古镇市场

这是关于古镇市场的一张照片，从光影的角度来看并无太大的问题且细节呈现比较丰富。因此将调整的重点放在色调的转换上，后期选择蓝色和黄色作为画面的主色调，通过二者的对比使片子的层次立刻分明起来，再将画面的饱和度适当地提升即可。

原始文件：Chapter 09/Media/9-6.jpg　　　　　　最终文件：Chapter 09/Complete/9-6.psd

01 打开文件 执行"文件>打开"命令，在弹出的"打开"对话框中打开素材文件，按 **Ctrl+J** 组合键复制"背景"图层。

02 调整图像的色调 单击"图层"面板下方的"创建新的填充或调整图层"按钮，在弹出的下拉菜单中选择"曲线"选项，在弹出的"属性"面板中调整曲线，调整图像的色调。

03 继续添加曲线 添加"曲线"调整图层，在弹出的"属性"面板中调整曲线。选中"曲线"图层蒙版，选择黑色柔角画笔在地面以及右侧人群及墙体位置涂抹，隐藏曲线对其的作用。

04 添加亮度/对比度 添加"亮度/对比度"调整图层，在弹出的"属性"面板中设置参数，调整图像的亮度/对比度。

9.7 罗马广场

通过观察可以发现原图中由于逆光的原因使雕像部分过暗、细节层次完全缺失。因此在后续的调整中首先对光影进行调整，通过暗部区域的适度提亮使雕像的立体感以及层次感完美地呈现出来。最后再对其进行色调上的渲染，使之与整体的环境色相融合即可。

原始文件：Chapter 09/Media/9-7.jpg　　　　　最终文件：Chapter 09/Complete/9-7.psd

01 打开文件 执行"文件>打开"命令，在弹出的"打开"对话框中打开素材文件，按 Ctrl+J 组合键复制"背景"图层。

02 瑕疵修复 再次复制"背景"图层，单击工具栏中的"修补工具"按钮，在画面中圈选瑕疵选区，将选区拖曳至相邻的无瑕疵处单击，完成修复。

03 载入暗部选区 按 Ctrl+Alt+2 组合键载入图像中的亮部选区，再按 Ctrl+Shift+I 组合键反向载入图像暗部选区。

04 提亮图像暗部 按 Ctrl+J 组合键复制选区内内容，设置图层的混合模式为"滤色"，提亮图像暗部。再次复制"滤色"图层，进一步提亮图像暗部。

05 光影调整 盖印图层，关闭两个"滤色"图层前面的眼睛。选择盖印图层，为图层添加反向蒙版，选择白色柔角画笔在画面中的雕塑以及左侧柱子上涂抹。

06 调整图像色调 添加"曲线"调整图层，在弹出的"属性"面板中调整绿色调和蓝色调。选中"曲线"图层蒙版填充黑色，选择白色柔角画笔在画面中涂抹。

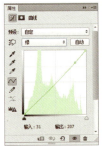  

07 制作阴影 添加"曲线"调整图层，在弹出的"属性"面板中调整曲线。选中"曲线"图层蒙版，为其填充黑色，选择白色柔角画笔在画面中雕塑下方的石墩上绘制阴影。

08 调整天空色调 添加"可选颜色"调整图层，在弹出的"属性"面板中设置参数。选中"可选颜色"图层蒙版，为其填充黑色，选择白色柔角画笔在画面中的天空区域涂抹，调整天空区域色调。

⑨ **调整图像亮度/对比度** 添加"亮度/对比度"调整图层，在弹出的"属性"面板中设置参数，单击"确定"按钮。

⑩ **塑造光影** 新建图层，填充中灰色（R：128，G：128，B：128），选择黑色柔角画笔和白色柔角画笔在画面中雕塑上交替涂抹塑造光影。

⑪ **调整图像色调** 添加"曲线"调整图层，在弹出的"属性"面板中调整曲线，调整图像的色调。

⓬ 调整图像色调　添加"曲线"调整图层，在弹出的"属性"面板中调整曲线，调整图像的色调。

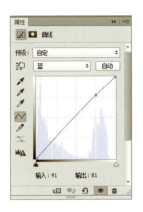

⓭ 调整天空色调　添加"色阶"调整图层，在弹出的"属性"面板中设置参数。选中"色阶"图层蒙版，为其添加黑色，选择白色柔角画笔在天空区域涂抹，调整天空色调。

⓮ 提亮人像雕塑　添加"曲线"调整图层，在弹出的"属性"面板中调整曲线。选中"曲线"图层蒙版，为其填充黑色，选择白色柔角画笔在画面中雕塑上的人像处涂抹，提亮人像。